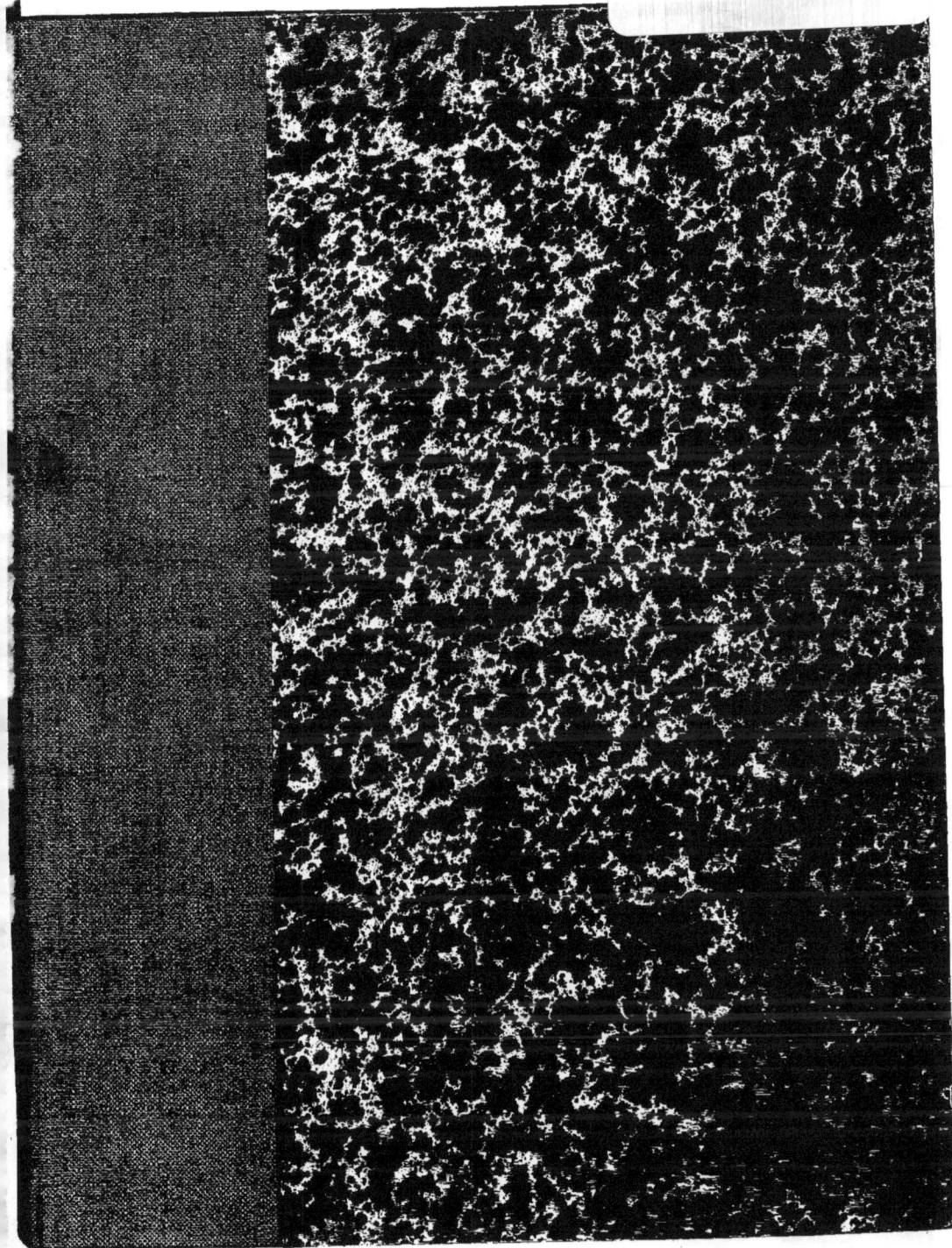

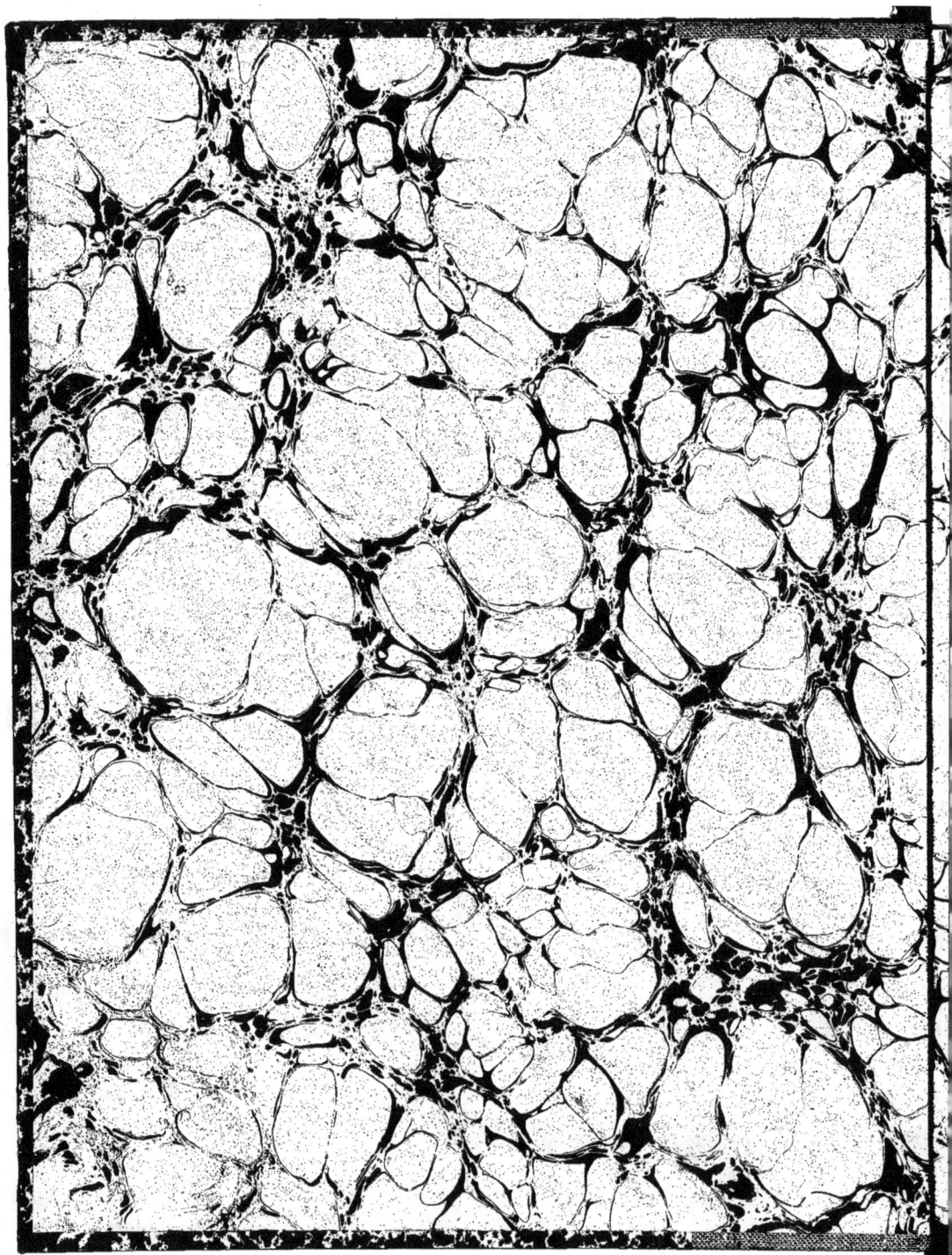

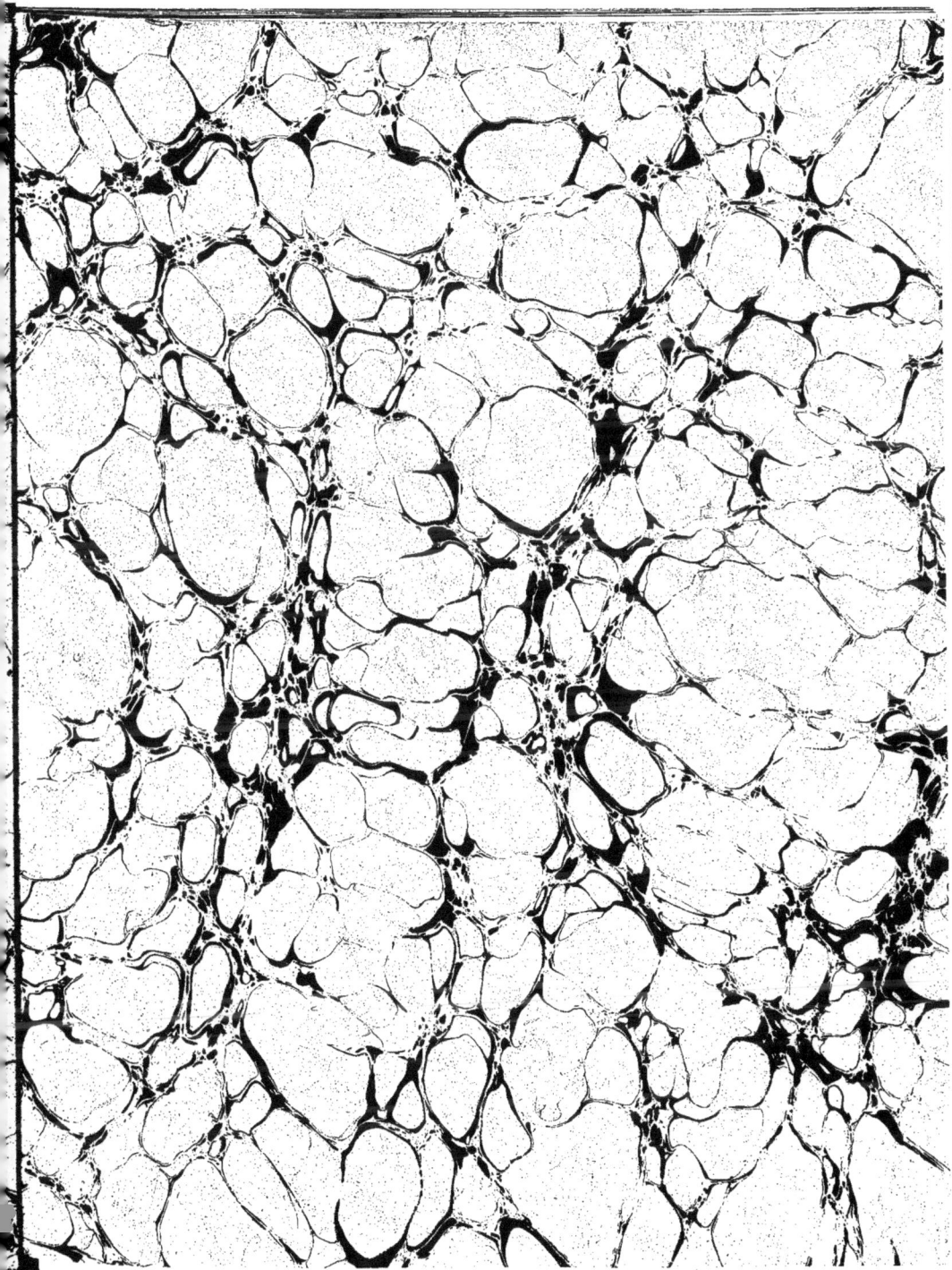

MINISTÈRE DES TRAVAUX PUBLICS

ÉTUDES

DES

GÎTES MINÉRAUX

DE LA FRANCE

PUBLIÉES SOUS LES AUSPICES DE M. LE MINISTRE DES TRAVAUX PUBLICS
PAR LE SERVICE DES TOPOGRAPHIES SOUTERRAINES

ÉTUDE DES STRATES MARINES

DU TERRAIN HOUILLER DU NORD

PAR

M. CH. BARROIS

MEMBRE DE L'INSTITUT
PROFESSEUR À LA FACULTÉ DES SCIENCES DE L'UNIVERSITÉ DE LILLE

PREMIÈRE PARTIE

PARIS
IMPRIMERIE NATIONALE

1912

ÉTUDE

DES STRATES MARINES

DU TERRAIN HOUILLER DU NORD

PREMIÈRE PARTIE

MINISTÈRE DES TRAVAUX PUBLICS

ÉTUDES

DES

GÎTES MINÉRAUX

DE LA FRANCE

PUBLIÉES SOUS LES AUSPICES DE M. LE MINISTRE DES TRAVAUX PUBLICS
PAR LE SERVICE DES TOPOGRAPHIES SOUTERRAINES

ÉTUDE DES STRATES MARINES

DU TERRAIN HOUILLER DU NORD

PAR

M. CH. BARROIS

MEMBRE DE L'INSTITUT
PROFESSEUR À LA FACULTÉ DES SCIENCES DE L'UNIVERSITÉ DE LILLE

PREMIÈRE PARTIE

PARIS

IMPRIMERIE NATIONALE

1912

INTRODUCTION.

Quelques observations personnelles, des documents obligeamment communiqués par les ingénieurs des compagnies houillères, nous ont amené à interpréter la structure du bassin du Nord, dans sa partie centrale, d'une façon spéciale que nous avons eu l'occasion d'indiquer sommairement dans deux réunions scientifiques, à Liège [1] et à Lille [2]. Nous nous sommes proposé, dans la présente étude, de grouper un certain nombre de faits à l'appui des vues que nous avons énoncées.

De nombreux mémoires ont été publiés, récemment, en divers pays, sur les lits minces calcaires ou schisteux, d'origine marine, que l'on trouve intercalés dans l'épaisse masse des sédiments d'eau douce des bassins houillers paraliques. On rencontre des couches marines de cette nature dans le bassin franco-belge (Valenciennes, Charleroi, Liège), comme en Westphalie, en Silésie, en Angleterre, en Russie (Donetz), en Espagne (Asturies), dans divers états des États-Unis, et ailleurs encore. Dans tous ces bassins, ces lits, malgré leur minceur, présentent à la fois une grande constance et une grande extension horizontale. Ces caractères, si logiquement en rapport avec un mode de formation sous des eaux marines, donnent à ces strates une importance considérable dans la pratique, comme *points de repère*, comme *Key-rocks* des ingénieurs anglo-américains.

Ainsi, pour ne citer que quelques exemples, pris à dessein en des points éloignés, distincts de ceux sur lesquels nous aurons à revenir au cours de ce mémoire, nous rappellerons que les veines *Upper Mercer coal* et *Lower Mercer coal* de l'étage de Pottsville, en Pennsylvanie, sont immédiatement recouvertes par un banc de calcaire;

[1] Congrès de géologie appliquée, Liège, 1906.
[2] Congrès de l'Association française (*A.F.A.S.*), Lille, 1909.

que dans l'étage houiller d'Allegheny du même pays, 3 lits calcaires servent aussi de repères (le *Freeport limestone* de 1 m., le *Johnstown cement* de 1 m. 30 à 2 m. 50 et le *Ferriferous limestone* de 10 mètres). Il en est d'autres encore dans les étages houillers d'Elk river et de Monongahela. Ce sont les *Key-rocks* et l'identification des veines de houille, dont l'extension superficielle dans ce bassin est si grande, est basée sur leurs relations de position avec ces *Key-rocks*.

De même, dans les Asturies, au toit de la veine *Desconocida* du bassin de Sama, est un lit riche en fossiles marins et l'un des meilleurs horizons du bassin.

Les bassins de la Belgique, de la Westphalie, de l'Angleterre, de la Russie fournissent des exemples analogues, plus familiers d'ailleurs aux ingénieurs français. Des 11 lits marins connus en Westphalie, 5 ont été suivis dans toute l'étendue du bassin; des 11 lits marins connus au Nord du Staffordshire, 3 ont été suivis au delà même des limites de ce bassin, jusque dans ceux du Yorkshire et des comtés du Centre, établissant ainsi la continuité originelle de ces bassins, aujourd'hui séparés par des dénudations subséquentes.

L'étude des lits marins intercalés dans le bassin houiller de Valenciennes mérite à ce titre une attention soutenue de la part des exploitants, tant pour contrôler les résultats acquis par leurs travaux, que pour fournir des repères fixes en vue des recherches futures, et faciliter l'unification de la nomenclature des veines, conformément au vœu formulé par l'inspecteur général des mines M. Kuss[1]. Cette unification de la nomenclature des veines et l'énumération de leur succession vraie sont plus difficiles à établir dans le bassin de Valenciennes que dans celui de Westphalie, incomparablement moins disloqué, et les travaux des ingénieurs français, malgré leur importance, ne sont pas arrivés encore à l'établir d'une façon approximative. La composition des veines nous paraît trop variable dans ce bassin pour que leur comparaison fournisse à elle seule des résultats définitifs, et déjà en 1902[2] nous insistions sur la nécessité de l'étude détaillée des stampes

[1] Kuss, *Annales Société géol. du Nord*, t. XXXIV, p. 406.
[2] Sur le poudingue houiller de Noeux, *Annal. Soc. géol. Nord*, t. XXX, 1902, p. 26.

stériles qui séparent les veines et sur l'intérêt qu'il y avait à relever
sur les plans les bancs de poudingue, mais il nous paraît certain
que le repère le plus sûr, par sa généralité, sera fourni par le relevé
et la distinction des bancs marins.

Des faunes marines distinguent un certain nombre de strates du
bassin houiller du Nord : nous avons pu, avec le concours de M. Virely,
ingénieur en chef des mines d'Aniche, en tracer 4 niveaux sur la
carte qui accompagne ce mémoire (Pl. 1). Leurs caractères stratigraphiques et paléontologiques permettent de les répartir en deux séries
principales, celle de *Flines* et celle de *Poissonnière*. Nous nous limi-
terons dans le présent travail à l'étude du faisceau inférieur de lits
marins que nous grouperons sous le nom de *zone de Flines*, et réser-
verons la description des strates marines supérieures (*zone de Poissonnière*) pour la seconde partie de cette étude.

La zone de Flines se présente avec sa plus grande régularité sur
le flanc septentrional du bassin houiller de Valenciennes. On y relève
une succession normale de couches superposées, ondulées, inclinant
dans leur ensemble vers le Midi. Les couches houillères reposent de
ce côté, sur des *ampélites* et *phtanites,* rencontrés en divers sondages
et visibles à l'affleurement dans le massif ardennais voisin où ils recouvrent aux environs de Namur, de Mons, le Calcaire Carbonifère.

La succession observée, que nous allons étudier en détail, est
ainsi la suivante :

	Zone de Vicoigne à *Nevropteris Schlehani* (A^2 de M. Zeiller).
	Zone du Quartzite à encrines de Flines (A^1 de M. Zeiller).
Westphalien	Zone de Flines à bancs marins (A^1).
inférieur.	Zone de Flines à *Pecopteris aspera* (A^1).
	Zone des ampélites à Goniatites à *Rhodea moravica*.
	Zone des phtanites à Goniatites.
Dinantien. —	Calcaire à *Productus giganteus*, etc.

C'est vers la limite des étages A^2, A^1 de M. Zeiller, que l'on rencontre dans le bassin du Nord, intercalés parmi les sédiments d'eau
douce, charbons, grès ou schistes, les lits à faune marine, tantôt
schisteux, tantôt calcareux ou dolomitiques, qui font l'objet de la

première partie de ce mémoire. Connus depuis longtemps [1], ils avaient été considérés comme localisés dans les parties du bassin voisines de sa bordure septentrionale, et envisagés à juste titre par les mineurs dans leurs recherches comme précurseurs redoutés, à éviter, du Calcaire Carbonifère, négatif, aquifère et dangereux.

C'est dans l'étage A^2 et jusque vers les limites des étages A^2 et B, B^1 et B^3 de M. Zeiller, que se trouvent les autres lits à faune marine que nous décrirons dans la seconde partie de cette étude.

Nous avons cherché à grouper les données acquises sur les zones marines, quelque insuffisantes qu'elles fussent, pour permettre de les reconnaître plus sûrement et de distinguer les uns des autres les divers niveaux marins répartis dans la série houillère. Depuis que nous avons donné les conclusions stratigraphiques de ce travail au Congrès international des mines à Liège [2], nos conclusions basées sur l'étude des fossiles animaux ont été précisées par les descriptions de nos collaborateurs MM. M. Leriche, P. Pruvost; elles ont trouvé une confirmation dans les déterminations paléophytologiques de M. l'abbé Carpentier et de M. Paul Bertrand, maître de conférences de Paléontologie houillère à l'Université de Lille. Nombre de déterminations, insérées dans les pages qui suivent, sont inédites, et l'on voudra bien rapporter à M. Paul Bertrand, mon jeune et très distingué collaborateur, compagnon fidèle de mes explorations, tout le mérite des recherches botaniques. Nous nous sommes efforcés par la mise en œuvre de documents nouveaux de contribuer à préciser dans ses détails l'œuvre fondamentale de MM. Gosselet, Olry, de Soubeyran, Zeiller, sur le bassin houiller du Nord.

---

[1] Ch. BARROIS, *Bull. Soc. géol. de France*, 1874, t. II, p. 226; JARDEL, *Bull. Soc. Ind. minérale*, 1902, t. I, p. 665.

[2] Ch. BARROIS, *Section de géologie appliquée*, livraison 2, p. 501. Impr. Vaillant-Carmanne, Liège, 1906.

LES STRATES MARINES

DE LA ZONE HOUILLÈRE

DE FLINES (NORD).

§ I. COUPES AU NORD DU BASSIN.

Coupe du faisceau de Bruille.

L'existence dans la série houillère du Nord de la *zone de Flines* paraît avoir été connue dès 1851. Burat écrivait en effet à cette époque [1] : « Au Nord de Valenciennes, la houille est séparée du calcaire carbonifère par l'interposition d'un étage schisteux qui ne contient que quelques petites couches d'anthracite sulfureux. Cet étage a été reconnu à Bruille, près Saint-Amand, où deux couches d'anthracite furent exploitées, et à Château-l'Abbaye où l'anthracite était même compris dans les alternances supérieures du *calcaire carbonifère* (lisez du *calcaire de Flines*) ».

Des sondages récents exécutés à Bruille au Nord du bassin par la compagnie de Vicoigne sont venus fixer la position de la zone de Flines par rapport aux couches voisines de la série.

Les veines de charbon exploitées à Vicoigne, maigres, anthraciteuses, régulièrement inclinées au Sud, sont en ordre descendant : Saint-Louis, Grande Veine, Veine du Nord. Leur flore est pauvre. La première nous a fourni *Alethopteris lonchitica, Sigillaria elegans,* une passée au mur, *Mariopteris acuta, Sphenopteris Hœninghausi, Nevropteris obliqua, Alethopteris valida;* la seconde nous a donné *Sigillaria rugosa, Sigillaria elegantula;* la Veine du

---

[1] A. Burat, *La Houille*, 1851, p. 355.

Nord, la plus inférieure du faisceau exploité : *Sigillaria rugosa, Lepidodendron obovatum*. Cet ensemble permet de rapporter cette flore à l'étage **A²**. M. l'ingénieur-directeur Chandéris m'a remis un galet trouvé à l'étage 208 de la fosse n° 4, au mur de cette veine du Nord. Ce galet roulé, de 0 m. 10 de diamètre, est en grès lustré, dur, identique à celui qui forme un banc en place à 155 mètres au Nord de cette veine ; sa présence dans cette veine, la plus septentrionale du faisceau de Vicoigne, fournit un trait commun entre elle et la Veine du Nord d'Aniche, la plus septentrionale du faisceau de Sainte-Marie d'Aniche.

Une bowette ouverte au Nord de la fosse n° 1 de Vicoigne, à l'étage 150 mètres, a traversé au Nord (en dessous) de la Veine du Nord 450 mètres de schistes et grès plissés, où aucun fossile n'a été recueilli. A 450 mètres au Nord, une passée de charbon a été rencontrée, puis une autre 45 mètres plus loin, puis à 53 mètres de là un banc de calcaire de 1 mètre suivi de 260 mètres de schistes et grès avec trois passées de charbon. La rencontre dans cette coupe d'un lit calcaire de 1 mètre associé à des passées charbonneuses permet de reconnaître sous Veine du Nord la présence du niveau que nous allons suivre sous le nom de *zone de Flines*. L'inclinaison moyenne des couches étant de 40°, l'épaisseur de cette série, déduction faite des plis, est d'environ 350 mètres.

Une autre bowette ouverte au Nord de la fosse n° 4, à l'étage 208, a traversé une région plissée où des bancs de quartzite dur, aquifère, rencontrés à 95 mètres sous la Veine du Nord, représentent vraisemblablement le niveau du quartzite de Flines (**H¹ᶜ** de la carte de Belgique).

Un sondage exécuté à Bruille en 1900, au Nord de la fosse n° 3 de Bruille, par la compagnie de Vicoigne, a traversé, sous le Crétacé, les couches suivantes, incl. S. = 16°, qui montrent la composition de la base de l'étage :

0 à 29ᵐ.	Terrain crétacé	....	29ᵐ
a. 101.	Schistes houillers à rares lits plus durs	....	72
b. 160.	Schistes ampélitiques à Posidoniella, Asterocalamites	....	59
c. 206.	Phtanites ampélitiques à veinules et concrétions calcaires	....	46

Nous avons trouvé dans les niveaux inférieurs (*b-c*) les fossiles de l'assise **H¹ᴬ** de Chokier du bassin belge voisin. Le niveau supérieur (*a*) ne nous a pas fourni de fossiles reconnaissables, mais on doit supposer, comme nous le prouvera bientôt la coupe de Flines, qu'il fournit le gisement du *Pecopteris aspera* de l'étage A^1.

Un autre sondage exécuté en 1901 à Bruille par la même compagnie à E. de la fosse n° 1 de Bruille a traversé, sous le Crétacé, les couches suivantes, incl. Sud = 15 à 20 degrés.

	0 à 51ᵐ.	Terrain crétacé.....................	51ᵐ00	
a.	54.	Schiste houiller	3 00	
b.	.54 50.	Quartzite très dur...................	0 50	
c.	136 50.	Schistes et grès, avec passées...........	82 00	}
d.	164.	Schiste argileux, schiste à clayats et lits de calcaire à encrines...............	27 50	} A^1 = 144ᵐ
e.	198.	Schistes et grès....................	34 00	}
f.	243.	Schistes et ampélites................	45 00	}
g.	272.	Ampélites et phtanites..............	29 00	} H^{1A} = 74

Dans ce sondage le banc *b* de quartzite dur rappelle le grès d'Andenne H^{1c}; les couches *c* à *e* (H^{1b}) représentent l'étage A^1 à *Pecopteris aspera*, épais de 140 mètres, où on reconnaît notamment en *d* les lits calcaires de la zone de Flines; les couches *f g* représentent l'étage de Chokier H^{1a} avec une épaisseur de 70 mètres.

Ce sondage apprend l'existence, avec un beau développement, de l'étage des phtanites H^{1a} au Nord du bassin houiller du Nord, et sa position sous la zone du calcaire de Flines.

Coupe des bowettes de la compagnie de Flines-lez-Raches.

(Pl. II, fig. 2.)

Je dois à l'obligeance de M. Viala, président de la Chambre des Houillères, et aux bons soins du regretté Soulary et de son successeur M. Troullier, ingénieur-directeur de la Société, d'importantes notions sur la composition du bord nord du bassin, dans la concession de Flines-lez-Raches. Je suis obligé à M. l'ingénieur Hyve de m'avoir guidé au fond.

Une bowette ouverte à la fosse n° 2 à l'étage 212 mètres donne la coupe suivante, en allant du Sud au Nord, vers des couches de plus en plus anciennes.

Coupe d'une bowette de la fosse n° 2, à 212 mètres.

(Fig. 1.)

Quartzite dur, caverneux, à *encrines* en calcite, donnant une venue
d'eau, qui s'est élevée jusqu'à 360 mètres cubes par jour (P)[1].   0^m50

Schistes... 4 00

Schistes pyriteux, charbonneux, à *encrines, Aviculopecten stellaris,*
Phill. *Bellerophon* sp., *Productus carbonarius* (1er lit marin de
la zone de Flines).

Charbon (veine III) formé de deux lits de charbon brillant, anthraciteux, très pur, de 0 m. 20 et 0 m. 23 séparés par un sillon
pyriteux de 0 m. 10 (MV=9 p. 100).

Mur de schistes à stigmarias.

Schistes... 14 00

Passée de charbon (N) :

Schiste.. 1 00

Grès... 2 00

Schistes (incl. S.= 30°)................................... 16 00

Dans ces schistes, à l'étage 292, à 40 mètres au Nord de la veine III, nous avons reconnu un lit de schiste noir à gros clayats silico-calcaires riches en goniatites (*Glyphioceras Gibsoni,* Haug) [2e lit marin].

Grès (M) rempli de filonnets de calcite et de quartz, un peu
aquifère.. 9^m00

Faille, qui diminue de 45 mètres la distance normale du calcaire
L à la veine n° III telle qu'elle est donnée dans la bowette de la
fosse n° 1.

Schiste.. 18 00

Calcaire sombre (L) avec veines de calcite blanche, encrines, *Productus carbonarius* de Kon., *Streptorhynchus crenistria,* Phill.
(3e lit marin)... 1 00

Passée de charbon (K)...................................... 0 10

Schiste.. 5 00

Passée de charbon (J)...................................... 0 06

Schiste.. 10 00

Veine II de charbon pur, anthraciteux...................... 0 60

[1] Les lettres employées dans ces coupes se rapportent aux figures de cette notice (fig. 1), ou à des plans des compagnies; elles ne sont pas communes aux différentes coupes données dans ce mémoire. Les épaisseurs portées dans cette coupe et les suivantes sont comptées normalement aux bancs.

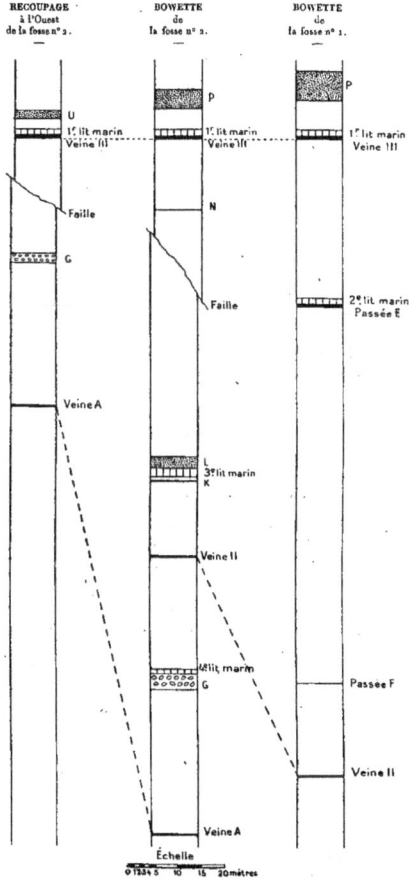

Fig. 1. — Succession des couches formant la zone de Flines, à Flines-les-Raches.

Cette veine II, à l'étage 292, nous a montré la composition suivante :

Toit en schiste fin, compacte, à rayure blanche, sans fossiles.
Veine de charbon anthraciteux, poussiéreux, en étreinte, variant de
    o m. 3o à o m. 5o.
Mur en schiste avec Stigmaria.
Toit en schiste bitumineux, à rayure brune.
Passée de charbon (voisin de II).

L'existence de ce *voisin*, à toit de schiste bitumineux, que nous allons retrouver au mur de la veine A permet de penser que ces deux veines II et A ne sont que la répétition d'une seule.

Veine II.
Schiste. . . . . 2^m oo
Passée de charbon, avec son mur.
Schiste. . . . . 22 oo
Calcaire gréseux sombre, encrinitique, (H) [4ᵉ lit marin]. . . . : . . . o 20
Schiste à clayats nombreux (G). 3 5o
Schiste . . . . . : . . . . 16 oo

J'ai trouvé dans ce schiste, à l'étage 292, un lit noir, sans clayats, épais de o m. 20 avec faune marine associée à des débris flottés de plantes (5ᵉ lit marin) :

Glyphioceras reticulatum Phill. | *Écailles de poissons.*
Lingula mytiloïdes Sow. | *Trigonocarpus à valves épaisses.*
Discina nitida Dav. | *Feuilles de Cordaites déchirées.*
Articles d'encrines. |

Il y a lieu de moins séparer ce cinquième lit du quatrième lit marin précédemment distingué, puisqu'on n'a pu constater entre eux la présence d'un ancien sol de végétation (mur) correspondant à une émersion.

Passée de charbon, avec un mur. . . . .
Schistes dominants et grès (incl. S. = 35°). . . . . 15^m oo
Charbon (veine A). . . . . o 4o

Cette veine A présente à l'étage 292 mètres les caractères suivants :

Toit en schiste, avec débris de plantes, tiges et racines.
Charbon (MV = 8 à 10 p. 100). . . . . o^m 5i
Mur en schiste dur avec Stigmarias. . . . .
Schiste bitumineux, pyriteux, avec écailles de poissons, formant le toit o o5
Charbon (voisin de A) offrant en son milieu un lit de clayat pyriteux (clayat doré). . . . . o 3̣7

Au mur de A on trouve ensuite :

Grès..	0ᵐ 3o
Schiste..	1 00
Passée de charbon.................................	0 20
Schiste..	0 25
Passée de charbon.................................	
Schistes et quelques lits de grès..................	220 00
Charbon (veine C), en deux sillons (MV = 11 p. 100)........	0 6o
Schistes et grès...................................	88 00
Charbon (veine D) en trois sillons (MV = 10 p. 100)........	0 46
Schistes et grès...................................	45 00
Charbon (veine E) en trois sillons (MV = 10 p. 100)........	0 49
Schistes et rares grès.............................	75 00

L'épaisseur de ces dernières couches, divers plis et changements d'inclinaison, le renversement de la veine C, qui a son toit au mur, portent à penser que les veines C, D, A, pourraient être des répétitions, par plis ou failles

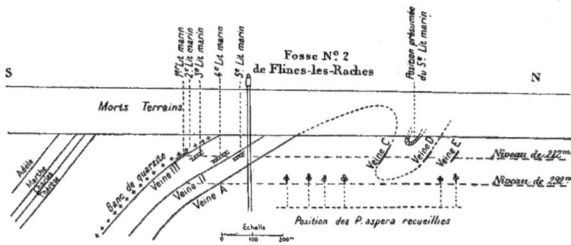

Fig. 2. — Coupe des bowettes au N. de la fosse n° 2 de Flines-les-Raches.

Les feuilles de trèfle indiquent, sur cette figure, la position des *Pecopteris aspera* recueillies.

(fig. 2). Cette disposition expliquerait en même temps l'épaisseur de la série traversée et l'éloignement de l'étage des phtanites, qui n'a pas été rencontré au Nord de la concession.

Cette opinion est corroborée par ce qu'une autre bowette, ouverte sensiblement sous la précédente, dans cette même fosse, à l'étage de 292 mètres n'a plus rencontré les veines C, D, E, qui ne descendent pas jusque-là. Cette bowette de 292 mètres a fourni une autre observation importante, en ce qu'elle a permis de recueillir :

1° Au toit d'une passée à 296 mètres Nord du puits :

Pecopteris aspera, Brong.
Stigmaria ficoïdes, Sternb.

2° Au toit d'une passée à 385 mètres du puits :

Pecopteris aspera, Brong.   Lepidodendron sp.
Calamites Suckowii, Brg.   Sigillaria rugosa, Brong.

3° Au toit d'une passée à 425 mètres du puits :

Pecopteris aspera, Brong.
Lepidodendron Weltheimi ou aculeatum.
Lepidostrobus sp.

4° Au toit d'une passée à 735 mètres du puits :

Pecopteris aspera, Brong.

Et au mur de la même passée :

Stigmaria ficoïdes, Sternb.

Cette florule appartient très nettement à celle d'Annœulin et de Bruille, à Pecopteris aspera, L. Weltheimi, Mariopteris muricata, Pecopteris dentata de l'étage **A¹** de M. Zeiller, auparavant inconnue dans cette partie du bassin.

Coupe d'un recoupage exécuté par la Compagnie de Flines, à l'Ouest de la fosse précédente.

(Fig. 1, p. 5.)

Un recoupage exécuté à 378 mètres à l'Ouest du puits précédent (fosse n° 2) est venu apporter quelques détails complémentaires. On trouve successivement en descendant la série, du Sud au Nord :

Schistes...	11^{m}00
Graviers durs....................................	0 40
Quarzite rouge ou noir, carié, caverneux (U)...............	1 00
Schiste tendre....................................	0 20
Sable...	0 30
Schiste tendre à encrines, Streptorhynchus crenistria, Phill......	0 60
Schiste charbonneux avec fossiles à test calcaire (lit marin n° 1).	1 00

On peut distinguer au sommet de ces schistes un banc à lamellibranches avec *Edmondia sulcata*, Phill., *Protoschizodus orbicularis*, Mac Coy, et à la base, un autre banc à brachiopodes, avec *Spirifer octoplicatus*, Sow. *Productus semireticulatus*, Mart. *Streptorhynchus crenistria*, Phill. *Aviculopecten cf. stellaris*, Phill. *Encrines*.

Quarzite charbonneux à fossiles pyriteux 1ᵐ30

> *Productus carbonarius*, de Kon.
> *Streptorhynchus crenistria*, Phill.
> *Aviculopecten gentilis*, Sow.
> *Encrines*.

Schiste de toit, pyriteux 0 20
Charbon, veine nº III, composée de deux lits de charbon de o m. 23 et o m. 20 séparés par un banc de o m. 33 de schiste imprégné de pyrite. Ce sillon intermédiaire présente les caractères d'un mur avec Stigmarias.
Schiste 13 00
Passée de charbon (incl. S. = 54°) 0 11
Schiste 1 50
Grès 2 00
Schistes 16 00

Ces schistes sont traversés par une faille, qui diminue de 90 m. la distance normale de G à la veine III, et qui supprime les lits marins nº 3 et nº 4 ainsi que la veine II.

Schiste à clayats (= G de la coupe précédente) 3ᵐ50
Schistes et grès 22 00
Passée de charbon 0 15
. Schistes et grès 6 00
Passée de charbon 0 10
Schistes et grès 9 00
Charbon, veine A (S = 45°) . . . .

Le quartzite U de cette coupe correspond bien au quartzite P de la coupe précédente; il en est de même de part et d'autre, pour la veine III, qui présente des deux côtés les mêmes caractères. L'absence de la veine II et des lits marins 3 et 4 doit être attribuée à l'action d'une faille, à peu près parallèle aux couches.

Coupe de la bowette au Nord de la fosse n° 1 de Flines.

(Fig. 1, p. 5.)

La compagnie de Flines-les-Raches a encore ouvert au Nord de sa fosse n° 1 une autre bowette qui permet de généraliser, en les précisant, les observations précédentes.

Cette bowette, ouverte au niveau 226, est parallèle à celle de la fosse n° 2; elle s'ouvre au Nord du faisceau exploité par la compagnie et comprenant les veines Adèle, Marthe, Marguerite, Charles, Thérèse, à MV = 8 à 10 p. 100.

Charbon. — Veine Thérèse.

Nous avons reconnu au toit de cette veine :

> *Sphenopteris Hoeninghausi* Brong.
> *Calamites undulatus*, Sternb.
> *Calamites cistiformis?* Br.
> *Sigillaria mamillaris*, Brong.
> *Sigillaria Voltzi*, Brong.
> *Adiantites* sp.
> *Asterophyllites longifolius*, Sternb.

espèces qui permettent de rattacher cette veine à l'étage A^2 de M. Zeiller.

Schistes et Grès (S = 68°)........................... 275ᵐ 00
Quartz en morceaux (je n'ai pu voir ces échantillons)......... 0 34
Quartzite blanc-rosé (P), poreux, à gros grains de quartz recristallisés, enchevêtrés, associés à fragments clastiques de zircon, rutile, tourmaline (S. = 18°)....................... 5 00

L'existence des pores indiquée dans ce quarzite est due à des cavités, de forme reconnaissable, laissées par la disparition des tiges d'encrines dont la conservation en carbonate de chaux a été signalée au n° 2 (constance de ce lit marin). La roche est traversée en outre de fissures colorées par de la limonite ou du charbon. Elle correspond au quartzite (P) de la fosse n° 2; elle est aquifère et a livré jusqu'à 275 mètres cubes par jour (quantité tombée à

150 mètres cubes, une fois la bowette ouverte), d'une eau très chargée de sels alcalins [1].

Grès gris noir, présentant à la base les caractères d'un mur à empreintes de racines végétales........................	1^m 00
Schiste noir charbonneux, pyriteux, formant le toit de la veine III (1er lit marin)	6 00

> *Productus semireticulatus*, abondant, identique à la variété que nous signalerons plus loin dans le banc n° IV de Notre-Dame d'Aniche, et dans le banc E de Bernicourt d'Aniche.
>
> *Productus carbonarius*, de Kon.
> *Streptorhynchus crenistria*, Phill.
> *Spirigera* sp.
> *Euphemus Urei*, Flem.
> *Tiges d'encrines.*

Charbon, veine III, composée de deux lits de charbon de 0 m. 20 et 0 m. 23 séparés par un sillon de 0 m. 10 de schistes pyriteux.	
Schiste..	22 00
Passée de charbon..................................	
Schiste..	4 00
Passée de charbon..................................	
Schiste noir charbonneux (2e lit marin)...............	3 00

> *Productus carbonarius*, de Kon.
> *Streptorhynchus crenistria*, Phill.
> *Tiges d'encrines.*

Passée de charbon (E) [incl. S. = 24°]..................	
Schistes...	80 00

---

[1] Analyse de l'eau :

Silice...	0^g 029 par litre.
Alumine et oxyde de fer..............................	0 008
Carbonate de calcium................................	0 026
Carbonate de magnésium.............................	0 027
Chlorure de potassium...............................	0 025
Chlorure de sodium..................................	0 495
Sulfate de sodium...................................	1 041
Carbonate de sodium................................	0 452
Matières organiques.................................	0 025
TOTAL...	2 128

. Ici devrait passer le schiste calcareux (3ᵉ lit marin) qui recouvre la passée suivante dans la bowette n° 2 ; il fait ici défaut, ou n'a pas été distingué.

Passée F (= K de la fosse n° 2)........................	
Schistes..	7^m 00
Passée de charbon..................................	
Schistes..	9 00
Grès...	2 50
Schistes..	3 00
Charbon, veine II (incl. S. = 40°).....................	

Cette veine ayant été suivie par une voie de fond, de la fosse n° 2 à la fosse n° 1, constitue un terme commun et un lien qui raccorde les coupes que nous venons de donner.

Conclusions tirées des coupes de Flines. — Les coupes de ces bowettes apprennent qu'au Nord du bassin, à Flines-lez-Raches, il y a sous le faisceau de Thérèse, exploité au midi, environ 200 mètres de schistes et grès houillers à pendage uniforme S. = 35 degrés, comprenant six passées ou veines charbonneuses, que nous réunirons sous le nom de *zone de Flines*. La formation ainsi définie est donc principalement continentale, puisqu'elle est riche en passées de charbon avec sols de végétation, mais la continuité en a été interrompue par cinq épisodes ou invasions marines. Ces invasions ont laissé cinq dépôts successifs de 1 à 5 mètres de schistes plus ou moins calcareux-arénacés, à fossiles marins, qui séparent les unes des autres les veines de charbon à plantes terrestres. On distingue, au sommet de cet ensemble, une couche de quarzite dur, poreux, aquifère, d'origine marine, représentant les grès ou poudingue d'Andenne (H^{1c}) du bassin belge.

Ce niveau de grès est caractérisé en Belgique par un banc de poudingue, absent à Flines, mais l'existence, reconnue au microscope dans le grès de Flines, de débris de cristaux de tourmaline, de rutile, de zircon, absents dans les autres grès houillers de la région, indique que sa formation correspond à une période de transgression; la présence de tiges d'encrines dans le grès prouve que cette transgression correspond à une invasion marine.

Nous ne possédons pas de données suffisantes sur la base de la série marine à Flines; sous la veine A, on a reconnu encore 300 mètres de schistes et grès (schistes à *Pecopteris aspera*), avec six veines ou passées charbonneuses, dont les plus épaisses (C, D, E) ne dépassent pas 0 m. 50. On peut se demander si les mêmes veines sont ramenées par un pli, comme nous le croyons, ou si elles constituent un terme plus épais, inférieur à la veine A, et reposant sur l'étage des phtanites, reconnu par les sondages de Bruille.

Les plantes recueillies ont permis de classer le faisceau de Thérèse dans l'étage A^2 de M. Zeiller. Le banc de quartzite à encrines sous-jacent correspond au poudingue d'Andenne. La zone de Flines avec ses veines de charbon pur et ses épisodes marins correspond au niveau belge des *Coureuses de gazon*, exploité fructueusement en divers charbonnages du pays de Charleroy, en raison de la pureté du combustible et de la solidité des toits. Le niveau inférieur C, D, E, à *Pecopteris aspera* appartient à l'étage A^1 de M. Zeiller, dont la position se trouve ainsi fixée dans la zone de Flines, au-dessus dé l'assise des phtanites.

La succession des zones et leur correspondance paléontologique avec celles du bassin de Charleroy peut être résumée dans le tableau ci-dessous :

Faisceau de Thérèse......... $= A^2$ de M. Zeiller $=$ H^2 Assise de Chatelet.

Zone ⎰ Quartzite à encrines... $= A^1$ de M. Zeiller $=$ H^{1e} Poudingue d'Andenne.

de ⎱ Zone des bancs marins. $= A^1$ de M. Zeiller ⎫ ⎰ H^{1b} Assise d'Andenne, à

Flines. ⎰ Zone à *P. aspera*..... $= A^1$ de M. Zeiller ⎭ $=$ ⎱   coureuses de gazon.

Zone de Bruille à phtanites................. $=$ H^{1a} Assise de Chokier.

Coupes de la Compagnie de Carvin.

Les documents que nous possédons sur le prolongement, à l'Ouest, des couches houillères inférieures qui constituent la zone de Flines apprennent qu'elles présentent de ce côté un curieux amincissement. A l'Ouest de l'Escarpelle, en suivant la bordure Nord du bassin, j'ai reconnu des formes du calcaire carbonifère (*Phillipsia globiceps*, *Productus granulosus*) dans les échantillons d'un sondage fait en 1900 à Drumez (Thumeries) par la Compagnie d'Ostricourt. Je ne possède pas de documents sur la base du terrain houiller au Sud de ce sondage.

Une bowette poussée au Nord de la fosse n° 1 de l'Escarpelle a rencontré à 1,310 mètres au Nord de la veine Grand-Amédée les lits marins de la *zone de Flines*.

Ce n'est que plus à l'Ouest, au Nord de la compagnie de Carvin, que de nouvelles coupes ont traversé les étages inférieurs du terrain houiller.

La fosse n° 3 de Carvin avait fourni, il y a longtemps déjà, à l'ingénieur-directeur Daubresse, des schistes avec *Productus carbonarius*, qui ont été à l'époque répandus dans toutes les collections : c'étaient les premières formes marines rencontrées dans le bassin houiller du Nord de la France, et j'eus l'occasion de les signaler à la Société géologique de France en 1874 [1].

La coupe était la suivante :

Première veine (MV = 10).......................... 0^m83
Schistes à clayats avec un lit de 1 mètre à fossiles marins : *Productus carbonarius, semireticulatus, Streptorhynchus crenistria*.. 29 00
Veine du Nord (MV = 9.50)........................ 0 38
Schistes à clayats avec un banc de fossiles marins : *Productus carbonarius*.................................. 40 00
Schistes pyriteux (Ampélites) [H^1a] traversés sur............ 8 00

Plus récemment, M. l'ingénieur-directeur Jardel [2] a donné la coupe détaillée de la bowette Nord (étage 220 mètres) de la fosse n° 1 de Carvin, ouverte par lui au Nord de la veine Saint-Émile, la dernière veine exploitée vers le Nord. On peut résumer, comme il suit, la coupe détaillée figurée par M. Jardel (p. 673), où nous ajouterons les noms des fossiles qu'il a bien voulu nous remettre, pour le Musée houiller de Lille.

Charbon (veine Saint-Émile) [MV = 15.25].............. 1^m08
Schistes et cuerelles avec quelques passées de charbon........ 73 00
Grès grossier (H^1c ?)............................. 2 00
Schistes et grès.................................. 50 00
Calcaire à encrines, où j'ai reconnu.................... 0 50

> *Productus semireticulatus* Mart.
> *Productus carbonarius* de Kon.
> *Rhipidomella Michelini* Lev.
> *Orthothetes crenistria* Phill. *var. radialis* Phill.
> *Martinia glabra* Mart.
> *Spirifer bisulcatus* Sow.
> *Spirifer octoplicatus* Sow.
> *Dielasma sacculus?* Mart.
> *Athyris Royssii?* Lev.
> *Fenestella.*
> *Encrines.*
> Débris de tiges végétales, rachis, associés aux coquilles précitées.

[1] BARROIS, *Bull. Soc. géol. de France*, 1874, t. II, p. 223.
[2] JARDEL, *Étude du terrain de Carvin* (*Bull. Soc. indust. minér.*, 1902, t. I, p. 665).

Schistes et grès..	2ᵐ 50
Schistes à *Productus*......................................	o 60
Schistes et grès avec une passée de charbon (Veine Mathilde)..	31 25
Calcaire à encrines...	1 oo
Schistes et grès avec sept passées de charbon, et schistes pyriteux fins prédominants, à la base...................	64 oo

En résumé, le faisceau de la veine Mathilde, de Carvin, montre 3oo mètres de schistes et grès houillers comprenant trois minces lits marins, avec passées charbonneuses au mur, témoignant d'invasions marines successives.

La disposition de ces bancs calcaires, comme leur faune, rappellent exactement les 2oo mètres de schistes et grès comprenant les cinq épisodes marins reconnus à Flines : nous ne saurions distinguer ces formations, les unes des autres, ni par leurs caractères paléontologiques, ni par leur assemblage.

Coupe d'Annœulin.

A l'Ouest de la fosse n° 1 de Carvin, et toujours au Nord du bassin, M. l'abbé Carpentier a trouvé sur le terris de la fosse n° 1 d'Annœulin des grès calcareux et des sphérosidérites avec *Productus carbonarius*, qui indiquent le passage de la *zone de Flines* dans cette direction [1].

Coupes de Meurchin.

Aucune Compagnie n'a poussé davantage ses travaux d'exploration, dans la zone dangereuse du Nord du bassin, que celle de Meurchin, victime en 1866 d'un coup d'eau de 834 hectolitres à l'heure, qui noya sa fosse n° 2.

Nous devons à cette circonstance et à l'habileté de M. Tacquet, directeur, et de M. Guinamard, ingénieur en chef de la Compagnie, toute une série de sondages, à la Sullivan, qui ont donné les indications les plus précises sur la composition, dans cette partie, des strates inférieures de la série houillère.

---

[1] Cette observation est d'accord avec les données paléophytologiques dont nous sommes redevables à M. Zeiller (*Bull. Soc. géol. de Fr.*, vol. 22, 1894, p. 487) qui signale à Annœulin l'existence de sa flore **A¹** à *Pecopteris aspera*, reconnue depuis à Flines à la base des bancs marins précités.

La veine inférieure exploitée au Nord de la Compagnie (fosse n° 4) est la Veine Désirée, belle veine de o m. 6o à 1 mètre d'ouverture, à MV = 11.8o. *Sphenophyllum cuneifolium, Lepidodendron obovatum, Cordaites principalis, Stigmaria ficoïdes.*

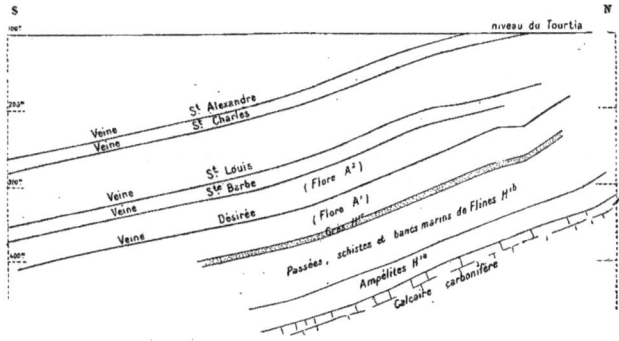

Fig. 3. — Coupe de la bowette Désirée de Meurchin (Étage 377).

Échelle : 1/1600.

On rencontre successivement en dessous de la veine Désirée :

Schistes et grès (environ)	25ᵐ oo
1ʳᵉ passée de Désirée, à toit de schiste bitumineux avec *Anthracomya, Nevropteris obliqua* et plantes flottées..........	o 25
Schistes et grès (environ)..........................	3 oo
2ᵉ passée de Désirée, à toit de schiste à débris végétaux, *Pecopteris dentata* et mur rempli de *Stigmaria*..............	o o6
Schistes et grès (environ)	9 oo
3ᵉ passée de Désirée, à toit de schiste gris, avec faune saumâtre, Poissons, Limules, *Anthracomya, Estheriella; Mariopteris acuta* Brg. *Pecopteris aspera* Brg., *Nevropteris obliqua* Brg., *Lepidodendron* sp., *Sphenophyllum* sp., *Calamites ramosus, Artis, Calamites Schützei?* Stur.....................	o 5o
Mur de schiste à clayats avec *Stigmaria*.	
Schistes et grès (environ)	3 oo
Grès grossier (= Grès d'Andenne Hᴵᵉ) [environ]..........	5 oo

Les chiffres qui précèdent correspondent à des moyennes; ceux qui suivent sont ceux du sondage n° 8 de la Compagnie :

Schistes et grès (n° 6)..............................	$2^m 91$
Passée (noireux)...................................	0 10
Schistes et grès...................................	7 07
Passée (noireux)...................................	0 38
Schiste à clayats..................................	19 45
Passée (noireux).....‹.............................	0 34
Schiste à clayats..................................	12 30
Passée (noireux)...................................	0 14
Schiste calcareux à *Martinia glabra* (Banc marin)...........	7 37
Passée (noireux)...................................	0 20
Schistes argileux..................................	17 16
Calcaire bleu à encrines (Banc marin).................	0 40
Schiste calcareux (Banc marin).......................	2 89
Schistes et grès...................................	5 81
Schistes fins, noirs, pyriteux (H^{1a}).....................	18 71
Calcaire Carbonifère (Dinantien).....................	5 42

D'après ces sondages, les grès grossiers représentant le *grès d'Andenne* (H^{1c}) auraient 5 mètres de puissance; les schistes et grès avec veines de charbon et bancs marins alternants, de l'assise de Flines (H^{1b}), 76 mètres; les ampélites (H^{1a}), 19 mètres : d'après ces mesures, le grès d'Andenne ne serait ici qu'à 95 mètres du Calcaire Carbonifère, à une distance moindre que dans le Nord.

Cet amincissement des zones houillères inférieures au N. W. du bassin porte à la fois sur l'assise de Flines et sur celle de Bruille, ici dépourvue de silice (de phtanites) et déposée tout entière à l'état de schistes ampélitiques.

L'assise de Flines présente à Meurchin les mêmes alternances qu'à Flines, de lits calcareux minces à fossiles marins et de passées de charbon avec murs.

En compulsant les divers sondages exécutés par la Compagnie, nous trouvons que trois lits marins ont été reconnus dans cette série, et qu'ils ont fourni : *Martinia glabra, Productus carbonarius, Streptorhynchus crenistria*, et encrines.

Les passées charbonneuses comprises dans la série, entre les lits précédents, sont au nombre d'une dizaine.

Au Nord de Meurchin, l'importance moyenne des assises houillères inférieures est approximativement de :

Grès grossier (H^{1c}) . . . . 5^m oo

Schistes et grès, à bancs marins et passées de charbon [assise de Flines (H^{1b})] . . . . 70 oo

Ampélites (H^{1a}) . . . . 3o oo

Les diverses assises du terrain houiller, celle de Flines comme celle de Bruille, présentent ainsi sur le bord Nord du bassin, à l'Ouest de Flines, vers Carvin et Meurchin, un amincissement continu; les phtanites y sont représentés comme à Flines par des ampélites.

Coupes diverses.

Lens. — Au Nord de la concession de Lens[1], près le Calcaire Carbonifère de Meurchin, on a également rencontré les couches inférieures du terrain houiller, dans la fosse n° 1o. Deux bowettes dirigées au Nord de cette fosse ont traversé aux étages de 14o mètres et 225 mètres les veines Saint-Louis (MV = 14 p. 1oo), Sainte-Barbe, Saint-Étienne, inclinées Sud; au Nord de cette dernière se trouvent des schistes avec lits de grès calcareux avec *Productus carbonarius, semireticulatus, Streptorhynchus crenistria*[2], et des schistes avec passées de houille, qui représentent la *zone de Flines* : ils reposent sur des schistes noirs, pyritifères, probablement de l'âge de la zone de Bruille.

La compagnie de Lens a rencontré un autre niveau de calcaire siliceux, sidéritifère, épais de o m. 15, dans sa fosse n° 7, au voisinage de la veine Élisa. M. Reumaux a eu l'extrême obligeance de m'en faire adresser de nombreux échantillons, mais ils ne nous ont montré aucun débris organique et nous ne pouvons, par suite, donner aucune indication sur leur âge.

Annezin. — A Annezin, au Nord de Bruay, une bowette citée par M. Jardel[3] a rencontré des alternances de schistes et grès avec lits calcaires présentant la position et les caractères de la *zone de Flines* : nous n'avons pu avoir de documents nouveaux.

[1] Lafitte, *Ann. Soc. géol. du Nord*, t. XXIX, 19o1, p. 58.
[2] Barrois, *Ann. Soc. géol. du Nord*, t. XXVII, p. 22o, 1898.
[3] Jardel, *Bull. Soc. industrie minér.*, 19o2, t. I, p. 697.

BRUAY. — C'est encore au faisceau septentrional du bassin qu'il convient de rattacher le gisement calcaire rencontré en 1901 dans le sondage de La Bussière, au Nord de Bruay, par MM. de Soubeyran et Conte, qui en ont communiqué la coupe détaillée à M. Jardel [1].

Nous devrons nous borner ici, faute de documents personnels, à résumer la coupe donnée par M. Jardel, en essayant d'en classer les différents termes :

Terrain crétacé.	{ Craie............................ { Tourtia	147ᵐoo
Assise de Lens.	Schistes et grès houillers avec 16 veines de houille atteignant l'épaisseur maxima de 1 m. 5o et MV descendant de 24 p. 100 à 16 p. 100....................	145 74
Zone de Flines.	Grès calcareux, analysé ci-dessous : 6ᵐ5o Silice.............. 83.5o Alumine et oxyde de fer 6.5o Carbonate de chaux... 9.5o Carbonate de magnésie. o.5o Passée charbonneuse (MV = 17 p. 100; cendres 2 p. 100).... Schistes et grès avec une passée charbonneuse (MV = 15 p. 100). 45 24 Grès calcareux.............. 1 5g Schistes et grès avec passée charbonneuse de oᵐ57 (MV = 17 p. 100; cendres 2 p. 100).... 7 14 Grès calcareux.............. 6 06 Schistes et grès.............. 44 4o	110 38
Zone de Bruille.	Schistes noirs comprenant vers leur base un banc de grès calcaro-magnésien (MgO = 8.55 p. 100) et des schistes ampé-liteux à gros nodules calcaires........	76 86
Étage Dinantien.	Calcaire carbonifère, massif, à moins de 1 p. 100 de MgO................	32 82

D'après ce très intéressant sondage descendu à 514 mètres de profondeur, la *zone de Flines* représentée par ses veines minces et ses bancs de calcaire impur, argilo-siliceux, dolomitique, aurait ici une épaisseur de 110 mètres sous le terrain houiller productif de Lens.

La zone de Bruille avec ses ampélites et ses nodules de calcaire a ici 77 mètres et le sondage a traversé le calcaire Dinantien sur une épaisseur de

[1] JARDEL, *Bull. Soc. industrie minér.*, 1902, t. I. p. 700.

3.

34 mètres, Les caractères lithologiques de ces diverses assises sont ici assez nets pour qu'il soit possible de les classer, même en l'absence, d'ailleurs regrettable, des fossiles. D'ailleurs, les flores des veines Césarine, etc., de la fosse 2 *bis* de Bruay sont venues préciser ces notions : elles appartiennent à la zone **A²** de M. Zeiller, auparavant inconnue dans cette partie occidentale du bassin. Les espèces reconnues par M. Paul Bertrand sont :

Nevropteris Schlehani Stur.	*Calamites ramosus* Artis.
Nevropteris gigantea Sternb.	*Annularia radiata* Brong.
Asterophyllites longifolius Sternb.	*Sphenophyllum cuneifolium* Sternb.
Pecopteris dentata Brong.	*Lepidodendron Haidingeri* Ettings.
Pecopteris abbreviata Brong.	*Pachytesta* sp.
Sphenopteris obtusiloba? Brong.	

Cette liste apprend que les zones **A** et **C** se trouvent au contact de part et d'autre de la faille de Ruiz, sans interposition de la zone **B**, dont l'absence permet de mesurer ainsi l'importance de la faille de Ruiz.

BOULONNAIS. — Nous avons eu la bonne fortune d'étudier en compagnie de M. L. Breton le sondage d'Elinghen, près Hardinghen.

SONDAGE D'ELINGHEN.

	ÉPAISSEURS.	PROFONDEUR.
Calcaire Carbonifère................	278ᵐ00	3ᵐ00 à 281ᵐ15
Passage de la faille.	—	—
Schistes et grès houillers.............	83 25	281 15 à 364 40
Veine à boulets...................	0 15	
mur à Stigmaria.		
Schistes et grès houillers.............	15 05	364 40 à 379 60
Veine à cuerelles.................	0 50	
mur blanc d'argile réfractaire à Stigmarias.		
Schistes et grès houillers.............	9 40	386 10 à 389 50
Veine maréchale.................	1 25	
mur à Stigmarias.		
Schistes et grès houillers.............	15 45	390 75 à 406 20
Veine à bouquettes..............	0 90	
Schiste à Stigmarias (mur)...........	0 70	
Schistes gris à clayats, Calamites........	4 20	
Grès........................	0 15	

	ÉPAISSEURS.	PROFONDEUR.
Schistes gréseux à bancs de çuerelles abondantes, Sigillaria, Calamites........	$14^m 70$	$412^m 15$ à $426^m 85$
Schiste gréseux à clayats pyriteux, Calamites...........................	7 40	
Schistes noirs.....................	1 25	
Veine inconnue..................	1 10	
mur à Stigmarias..............	1 80	
Cuerelles..........................	0 75	
Schistes sombres...................	0 28	
Schiste calcareux noir, veiné de calcite, écailles de poissons...............	3 10	
Schiste calcareux noir à lits de clayats calcareux............................	0 60	

> *Ostracodes.*
> *Euphemus Urei*, Flem.
> *Productus carbonarius*, de Kon.
> *Streptorhynchus crenistria*, Phill.
> *Pterinopecten carbonarius*, Hind.
> *Parallelodon semicostatum*, Mac Coy.
> *Edmondia* sp.
> *Cypricardella* sp.
> *Synocladia* sp.
> *Stictopora scabra*, Rafin. in Kon.
> *Encrines.*

| Grès blanc à grains fins, à débris de plantes, tiges et rachis (= Grès des Plaines, d'après M. L. Breton).................. | 1 25 | 441 73 à 442 98 |
| Schiste noir compact, micacé, à écailles de poissons .... | 1 20 | |

> *Lingula mytiloïdes*, Sow.

| Schiste noir calcareux, micacé......... | 0 55 | |

> *Écailles de poissons.*
> *Productus carbonarius*, Kon.
> *Orthis Michelini*, Lév.
> *Lingula mytiloïdes*, Sow.
> *Pterinopecten carbonarius*, Hind.
> *Parallelodon semicostatum*, Mac Coy.
> *Sanguinolites* sp.
> *Edmondia* sp.

| Filet de charbon.................... | 0 05 | |

	ÉPAISSEURS.	PROFONDEUR
Schistes calcareux, bleus, compacts......	0^{m}65	

> *Cœlonautilus subsulcatus*, Phill.
> *Productus carbonarius*, Kon.
> *Solenomya primœva*, Phill.
> *Edmondia senilis*, Phill.
> *Cypricardella concentrica*, Hind.

Veine de charbon (cendres, 20 p. 100; MV = 37 p. 100)...................	0 90	
Schistes noirs.....................	1 80	

> *Productus carbonarius*, Kon.
> *Productus semireticulatus*, Mart.
> *Discina nitida*, Dav.
> *Cypricardella* sp.
> *Edmondia sulcata*, Phill.

Calcaire noir siliceux, veiné de blanc.....	1 35	

> *Marginifera marginalis*, Kon.
> *Chonetes Laguessiana*, Kon.
> *Martinia glabra*, Mart.
> *Lingula mytiloïdes*, Sow.
> *Orthis* sp.

Schiste charbonneux, d'aspect houiller...	0 20	450^{m}85
Calcaire Carbonifère................	12 75	451 05 à 463^{m}80
Fin du sondage.		

Les empreintes végétales rencontrées dans ce sondage sont rares, elles ne nous ont pas permis de nous faire une opinion sur l'âge de la flore associée aux cinq veines traversées. Les anciennes exploitations d'Hardinghen, où ces veines avaient été exploitées, n'avaient pas non plus fourni à M. Zeiller [1] une flore assez riche pour lui permettre quelque conclusion précise. Quant à la faune, trouvée de 440 mètres à 450 mètres, elle appartient nettement à la zone de Flines.

D'après ce sondage, l'épaisseur de la zone de Flines serait réduite à Elinghen à 8 mètres, si on attribue, avec M. L. Breton, au *grès des Plaines* (H^{1c}) le grès rencontré à 443 mètres. Cette conclusion est cependant en désaccord

[1] M. ZEILLER, *Bassin de Valenciennes*, p. 687.

avec le fait que ce grès n'a pas fourni de coquilles marines, et qu'il est encore surmonté de 4 mètres de schistes à fossiles marins, Si, pour cette raison, on voulait attribuer au *grès des Plaines* (H^{1c}) les grès traversés de 412 mètres à 427 mètres, l'épaisseur de la *zone de Flines* (H^{1b}), portée à 24 m. 20, serait encore très réduite relativement à l'épaisseur qu'elle offre dans le département du Nord.

L'assise des ampélites et phtanites à céphalopodes (H^{1a}) manque dans le Boulonnais. La *veine de 0 m. 90* et probablement aussi la *veine inconnue* font partie de la zone de Flines; de nouvelles découvertes sont nécessaires pour fixer si la flore des veines supérieures (veine à bouquettes, à veine à boulets) appartient aux zones $\mathbf{A}^2$ ou $\mathbf{B}$ de M. Zeiller.

En résumé, les fossiles de la zone de Flines nous sont connus dans le Pas-de-Calais par la bowette de la fosse n° 1 de Carvin, au Nord de la veine Saint-Émile de cette Compagnie, à Meurchin, à Auchy-au-Bois et à Hardinghen. Ils caractérisent de part et d'autre quatre ou cinq minces intercalations marines dans une formation continentale épaisse d'environ 200 mètres, dont l'épaisseur décroît graduellement vers l'Ouest, pour se réduire à environ 20 mètres.

CONCLUSION GÉNÉRALE DU § 1. — L'étude du bord Nord du bassin houiller du Nord nous a révélé l'existence générale à la base de la zone à *Nevropteris Schlehani* ($\mathbf{A}^2$) et compris entre celle-ci et la zone des ampélites et phtanites de Bruille à goniatites et *Rhodea moravica*, d'une zone houillère pauvre en charbon, que nous avons distinguée sous le nom de *zone de Flines*. Elle nous a fourni la flore à *Pecopteris aspera* associée à des représentants de la flore à *Nevropteris Schlehani* et des faunes marines en couches alternantes (faunes à *Productus carbonarius*). Celles-ci témoignent de l'irruption à cette époque, dans le bassin houiller, de quatre ou cinq invasions marines successives, représentées par de minces couches fossilifères, séparées par des veines ou passées de charbon reposant sur leur sol de végétation (murs), dans un ensemble de sédiments palustres et continentaux d'environ 200 mètres d'épaisseur, diminuant graduellement d'importance de l'Est à l'Ouest.

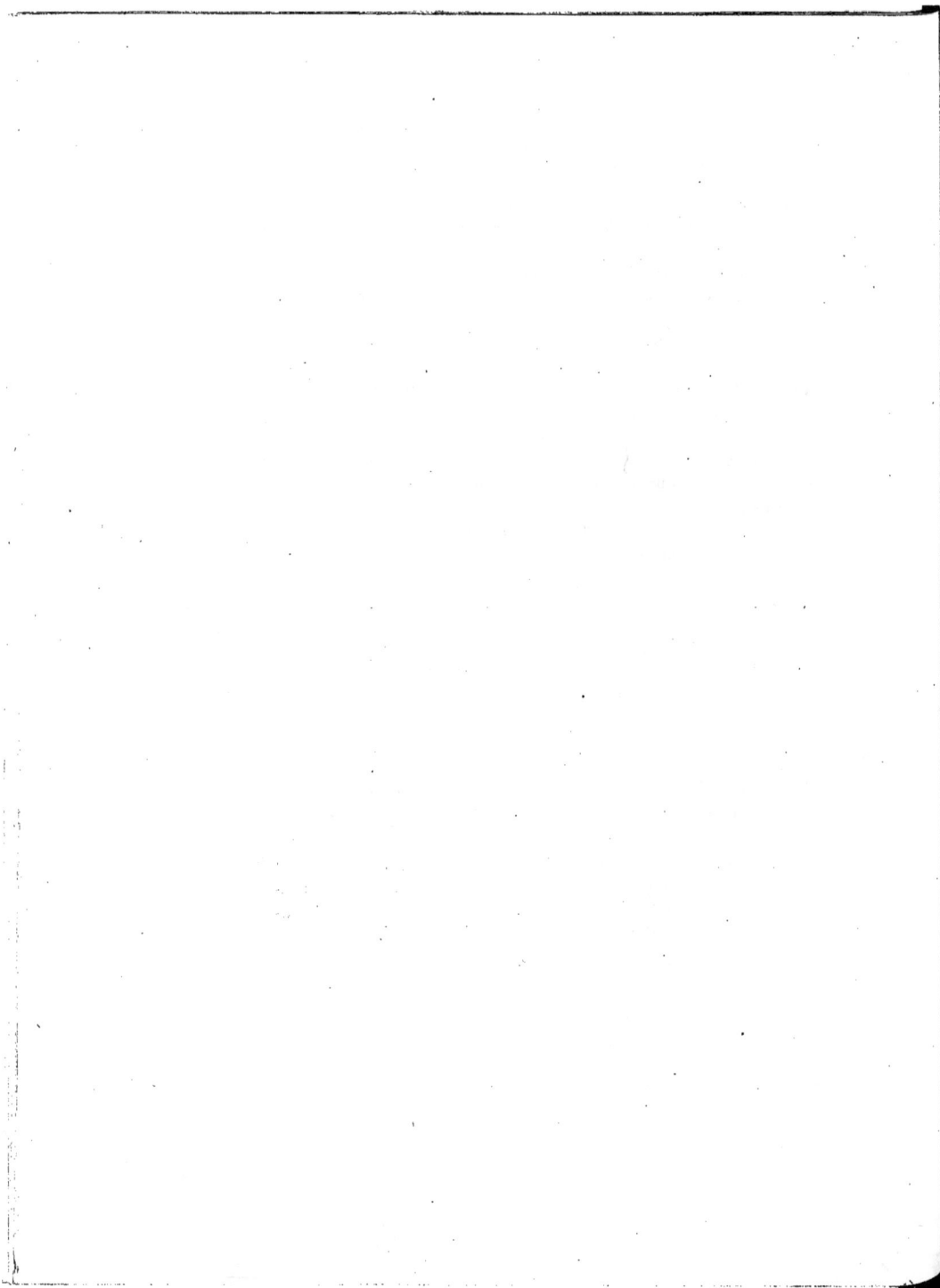

§ II. COUPES AU CENTRE DU BASSIN.

Ces coupes sont les plus intéressantes et les plus instructives que nous ayons à décrire, en raison du soin et du talent avec lesquels elles ont été relevées. Les coupes des fosses de Notre-Dame et de Bernicourt d'Aniche étant les plus complètes, nous les ferons d'abord connaître et nous suivrons ensuite les couches à l'Ouest dans la concession de l'Escarpelle, puis à l'Est dans celle d'Anzin.

Déjà en 1902, M. Sainte-Claire-Deville [1] avait fait connaître des niveaux calcaires au centre du bassin, dans la partie moyenne d'un faisceau de veines 3/4 gras, et il insistait sur l'importance de ces niveaux pour l'histoire de la genèse du bassin comme pour la connaissance de sa tectonique. Avant cette observation, et dès 1878, Vuillemin, ingénieur-administrateur de la compagnie d'Aniche, avait, il est vrai, recueilli un certain nombre de formes marines de ces mêmes niveaux dans une bowette de la fosse de Bernicourt. Ces fossiles avaient été déposés dans les collections de l'Université de Lille où je les avais classés, comme *Productus carbonarius* Kon. [2] et *Protoschizodus orbicularis* (Mac Coy). Depuis lors, la compagnie d'Aniche a rencontré des niveaux calcaires marins dans une bowette à l'étage 441 de sa fosse Notre-Dame. Le soin avec lequel M. l'ingénieur Plane a bien voulu, sur ma demande, relever la coupe détaillée de cette bowette et l'habileté avec laquelle il l'a dressé, m'a déterminé à la reproduire ici en détail. L'intérêt de cette recherche a déterminé M. Lemay, ingénieur-directeur de la compagnie, à faire rafraîchir les anciennes bowettes de la fosse de Bernicourt; le relevé qui en a été fait par les soins de M. Plane est venu compléter les données acquises dans la bowette de Notre-Dame.

Les coupes qui suivent sont des résumés des plans au 1/100e des Compagnies minières, relevés respectivement pour Aniche et pour l'Escapelle, par MM. les

[1] Sainte-Claire Deville, *Annales Soc. géol. du Nord*, 1902, t. XXXI, p. 33; 1903, t. XXXII, p. 198.

[2] Vuillemin, *Les mines de houille d'Aniche*, Paris, Dunod, 1878.

IMPRIMERIE NATIONALE.

ingénieurs Plane et Sainte-Claire Deville. J'ai revu personnellement, au fond, toutes les coupes de ces bowettes, guidé par MM. les ingénieurs des Compagnies, et puis apporter à leurs observations un témoignage, d'ailleurs superflu, concernant la succession des lits marins, les veines avec leur sol de végétation en place, les plis et les failles qui dérangent et séparent les couches.

Je décrirai successivement les diverses coupes menées à travers le terrain houiller de cette partie du bassin du Nord par diverses bowettes parallèles, en commençant par la bowette Nord de Notre-Dame, l'une des plus attentivement étudiées. Je suivrai ensuite les couches décrites dans cette bowette, en avançant vers l'Ouest, dans les fosses de Bernicourt (étages 235-308), puis dans les fosses n° 5 et n° 3 de l'Escarpelle. Je passerai ensuite à l'Est de Notre-Dame à l'étude des bowettes de Saint-René (Aniche), de Casimir-Périer et d'Edouard Agache (Anzin). Les analyses chimiques données ont été faites par M. V. Vaillant, préparateur de chimie appliquée à la Faculté des sciences de Lille, que je prie d'agréer tous mes remerciements.

Coupe de la bowette Nord de la fosse Notre-Dame (étage 441).

(Fig. 4 et pl. II, fig. 3.)

La fosse Notre-Dame exploite le faisceau 3/4 gras de la concession d'Aniche. La longue bowette, poussée au Nord, présente un grand intérêt; on y rencontre successivement les couches suivantes, du Sud au Nord, au mur de la veine Olympe (= veine n° 28 de l'Escarpelle), la plus septentrionale et la dernière du faisceau de Notre-Dame. Dans la Fig. 4 ci-contre, j'ai représenté par des figurés spéciaux les 9 bancs marins rencontrés, et les 10 murs à stigmaria ou sols de végétation *observés entre eux*. Les épaisseurs données sont comptées normalement aux couches, de sorte que les 386 mètres traversés se réduisent à environ 284 mètres d'épaisseur.

Veine Olympe (MV = 16.43; cendres 2.50)............... 0^m70
mur...
Schiste, avec failles................................. 11 00
Grès, avec failles.................................... 3 50
Schiste... 5 00
Grès... 17 00

Bowette au Nord de la Veine Olympe à l'étage 441 de la fosse Notre-Dame d'Aniche

Echelle : 1 = 0,0095

Grès

Schistes

Société

Schistes gréseux

Faille

Région

F. Raymond

failleuse

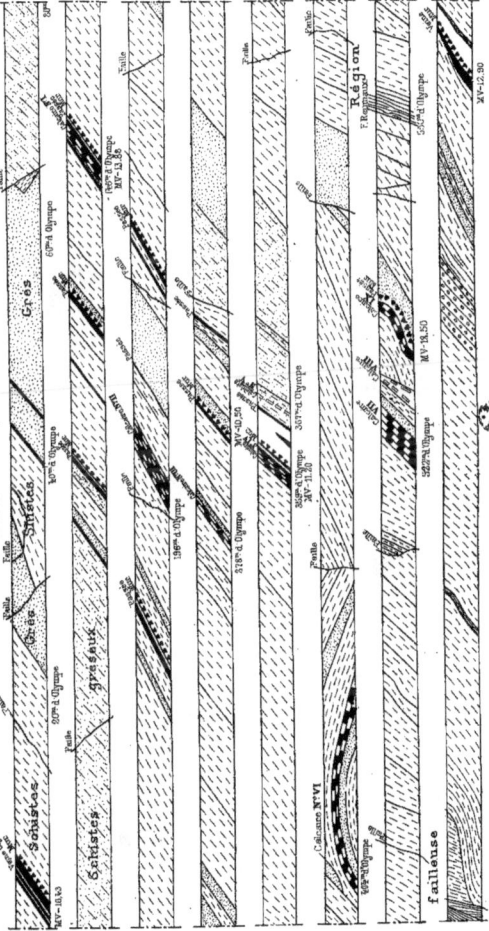

Courtier & Cie, 41, rue de Dunkerque. Paris

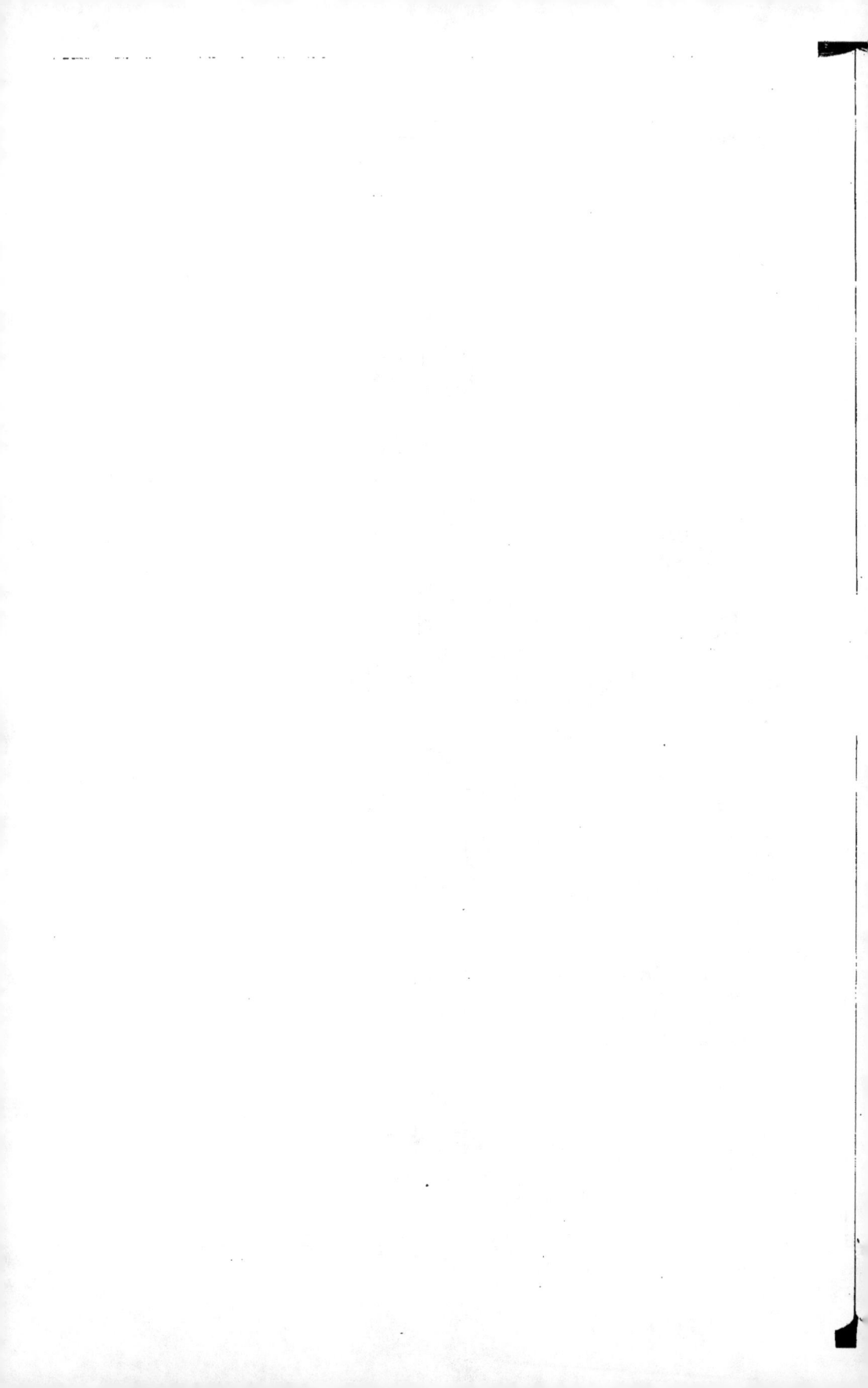

Schiste gréseux, avec failles............................   24ᵐ 00

Schiste...   1 5o

Schiste gréseux...   o 8o

Passée de charbon.......................................   o 15

mur...

Schiste...   6 oo

Schiste à clayats.......................................   1 20

Passée de charbon.......................................   o 10

mur...

Grès...   o 70

Schiste à clayats.......................................   6 oo

I. Calcaire (n° I).......................................   o 35 à   o 4o

Analyse [1].
$$\begin{cases} \text{Silice}............... & 11.99 \\ \text{Fer } (Fe^2 O^3)......... & 1.25 \\ \text{Alumine}............ & 4.53 \\ \text{Carbonate de chaux}.... & 71.83 \\ \text{Carbonate de magnésie}.. & 8.41 \\ \text{Perte et non dosé}...... & 1.99 \end{cases}$$

TOTAL.......   100.00

Charbon (passée) [MV = 13.88 ; cendres 7.4o]............   o 26

mur..   o 25

Schistes..   13 oo

Grès..   o 20

Schistes..   1 oo

Passée de charbon avec clayats..........................   o o3

mur..

Schiste...   1 20

Grès..   o 5o

Schiste...   4 5o

II. Calcaire gris dolomitique à encrines (n° II)..............   o 10

Spirifer bisulcatus Sow.

Schizophoria resupinata Mart.

Leptœna.

Encrines.

Schistes..   o 25

Grès calcareux..   o 15

[1] La magnésie évaluée en dolomie $(CO^2)^2 Ca\ Mg$ donne 18.42 p. 100. Ce calcaire contient donc 18.42 de dolomie et 53.41 de calcite.

4.

mur à clayats... $0^m o5$

Schiste.. 1 90

Schiste à clayats.................................... 0 70

Passée de charbon................................... 0 01

Grès... 3 00

Schistes, avec failles............................... 1. 50

Charbon (passée).................................... 0 04

Schistes noirs.. 0 24

Argiles charbonneuses................................ 0 12

mur...

Schiste à clayats, avec failles...................... 10 00

Grès... 0 70

Schistes.. 0 40

Grès... 0 30

Schistes à clayats................................... 17 00

III. Calcaire gris dolomitique (n° III)................ 0 12

> *Spirifer bisulcatus* Sow.
> *Streptorhynchus crenistria* Phill.
> *Rhipidomella Michelini* Lev.
> *Leptœna* sp.
> *Productus carbonarius* de Kon.
> *Productus semireticulatus* Mart.
> *Marginifera marginalis* de Kon.

Schiste.. 4 50

Passée de charbon (MV = 10.50; cendres 20. 20 p. 100).... 0 06

Terres schisteuses.................................... 0 01

mur.. 0 20

Grès... 0 60

Schiste à clayats.................................... 2 20

Grès... 0 50

Schiste... 0 50

Passée de charbon................................... 0 03

mur très dur...

Schiste gréseux, avec failles....................... 4 50

Grès... 4 50

Schiste à clayats.................................... 17 50

Schiste... 5 50

IV. Calcaire argilo-schisteux à veinules charbonneuses (n° IV).... 0 40

> *Productus carbonarius* Kon.
> *Productus semireticulatus* Mart.
> *Streptorhynchus crenistria* Phill.

Passée de charbon (MV=11.20; cendres 2.50 p. 100) 0ᵐ18

mur..

Filet charbonneux................................. 0 01

mur tendre....................................... 0 50

mur dur... 1 10

Schiste.. 1 10

Filet charbonneux.................................

Schiste gréseux.................................. 1 00

V. Schiste noir ampéliteux, pyriteux, à clayats calcareux, parfois creux, et montrent à leur intérieur des cristaux de quartz, calcite, pyrite. Des coquilles de lamellibranches décalcifiées y sont associées à des débris de végétaux (n° V)........... 1 00

> *Euphemus Urei* Flem.
> *Productus carbonarius* Kon.
> *Modiola transversa* Hind.
> *Nuculana acuta* Sow.
> *Solenomya primæva* Phill.
> *Parallelodon semicostatum* Mac Coy.
> *Parallelodon Geinitzi* de Kon.
> *Ctenodonta lævirostrum* Port.
> *Pterinopecten carbonarius* Hind.
> *Aviculopecten gentilis* Sow.
> *Edmondia* sp.
> *Encrines.*

Schiste gréseux.................................. 8 00

Schiste.. 5 00

Schiste à clayats................................ 6 00

Schistes et grès, avec failles...................... 2 50

VI. Calcaire schisteux, encrinitique (n° VI).................. 0 50

> *Productus semireticulatus* Mart.
> *Chonetes Laguessiana* de Kon.
> *Dielasma.*
> *Encrines.*

Grès.. 0 50

Schiste.. 0 50

Faille (interruption)............................

Schiste.. 20 00

Faille (interruption)............................

Schiste gréseux.................................. 5 00

Schiste, avec failles.............................. 41 00

Schiste avec clayats.............................. 8 00

VII. Calcaire noir encrinitique à lits schisteux (N° VII)............ 0^{m}30

       Macrochilina sp.
       Productus semireticulatus Mart.
       Productus carbonarius de Kon.
       Marginifera marginalis de Kon.
       Orthis sp.
       Dielasma sp.
       Encrines.

Calcaire spathique à encrines (Petit granite).............. 0 40

Analyse [1].		
Silice..............	12.05	
Fer (Fe^2 O^3)........	1.27	
Alumine...........	4.47	
Carbonate de chaux....	72.04	
Carbonate de magnésie.	8.42	
Pertes et non dosé.....	1.75	
TOTAL......	100.00	

Schiste à encrines................................ 0 50
Schiste à clayats................................ 0 06
Grès... 0 70
Schiste....................................... 1 30
VIII. Schiste à clayats de calcaire siliceux (n° VIII)............. 0 80

       Glyphioceras diadema var. tenuistriatum Haug.
       Macrochilina cf. clavata Sow.
       Loxonema sp.
       Productus carbonarius Kon.
       Marginifera marginalis de Kon.
       Athyris Royssii Lev.
       Orthis sp.
       Dielasma sp.
       Spicules d'éponges hexactinellides.
       Absence d'articles de crinoïdes.

Schiste....................................... 2 00
IX. Calcaire lumachelle à Orthis (n° IX)............. 0 60 à 0 70

       Rhipidomella Michelini Lev.
       Schizophoria resupinata Mart.
       Productus carbonarius de Kon.

---

[1] La magnésie évaluée en dolomie (CO^2)^2 Ca Mg donne 18.44 p. 100; ce calcaire contient donc 18.44 de dolomie et 53.60 de calcite.

Charbon (MV = 12.50; cendres 2 p. 100)	$0^m o5$
Clayats.	o o4
mur tendre, schiste gréseux.	o 15
Grès.	1 5o
Schiste, avec failles.	9 oo
Remplissage de noireux et de clayats.	2 oo
Schiste à filons de quartz.	1 oo
Schiste charbonneux, broyé, avec failles.	5o oo
Schiste à clayats.	3 oo
Schiste charbonneux broyé.	2 oo
Schiste.	1 oo
Schiste et grès.	1 5o
Schiste.	3 oo
Charbon friable	o 3o
Noireux (MV = 12.90; cendres 3.85 p. 100).	o o4
mur.	
Schiste.	

Au-dessus du banc calcaire n° I, c'est-à-dire en approchant d'Olympe, il n'y a plus de formations marines; on passe au Sud sur des alternances de schistes et grès remplies de plantes houillères formés en eaux douces avec veines et passées de charbon, montrant toit et mur. On traverse successivement ainsi tout le faisceau des charbons 3/4 gras jusqu'à la fosse Notre-Dame, sans rencontrer dans les travaux de mine d'accident bien notable.

De même, au Nord, à l'extrémité opposée de la bowette, au-dessous du banc calcaire n° IX, on semble quitter aussi la région des bancs marins de Flines, pour entrer dans des schistes et grès houillers d'eau douce, avec grès dominants, et passées de charbon plus maigre (MV = 12 p. 100). La bowette a d'ailleurs été arrêtée à 111 mètres des derniers bancs calcaires, de sorte que cette région septentrionale est insuffisamment connue. On verra plus loin que cette lacune a été comblée par la bowette parallèle de Bernicourt, poussée au Nord des calcaires de la zone de Flines, jusqu'aux veines du faisceau maigre de la fosse Déjardin. (Pl. II, fig. 4.)

OBSERVATIONS STRATIGRAPHIQUES SUR CETTE COUPE. — L'épaisseur du faisceau qui comprend à Notre-Dame les bancs calcaires de la Zone de Flines est de 386 mètres suivant la bowette, mais ces couches étant inclinées de 3o° en moyenne, l'épaisseur se réduit d'une centaine de mètres suivant la normale aux bancs; si de plus on en déduit la répétition due au pli anticlinal du banc n° VI et au pli synclinal accompagné de failles, compris entre les n°s VI et VII, l'épaisseur réelle se réduit à environ 200 mètres. Le banc VI diffère trop du banc VII pour qu'il soit permis de le considérer comme sa continuation, et sa répétition par faille.

La présence de murs, en place, non renversés, gisant sous leurs passées de charbon, et compris entre les divers lits calcaires énumérés, oblige d'éliminer l'idée de la répétition de mêmes lits par plis renversés isoclinaux.

Ainsi la coupe de la bowette de Notre-Dame montre pour la zone de Flines une épaisseur de 200 mètres de sédiments, comprenant 9 minces lits marins, intercalés; entre ces divers lits marins, on compte six murs en place sous leur veine (passée) de charbon, c'est-à-dire six sols de végétation distincts.

La succession dans cette *Zone de Flines* de formations alternativement marines et continentales établit l'existence à cette époque d'un certain nombre d'invasions et de retraits successifs de la mer. La première invasion marine correspond au banc IX situé au toit d'une passée de charbon, avec mur en place : la mer paraît avoir séjourné alors assez longtemps, avec des profondeurs variables, puisqu'elle a déposé successivement les trois bancs calcaires IX, VIII, VII; le maximum de profondeur ayant correspondu au banc VIII à Céphalopodes et Éponges hexactinellides. Les schistes et grès qui les surmontent ne fournissent pas de preuve d'émersion et ont pu (contrairement à notre sentiment) continuer à se former dans des eaux marines moins profondes; le banc marin VI s'est formé apparemment dans la même phase marine que IX, et on peut en dire autant du banc marin suivant V. On ne peut affirmer que les bancs marins IX à V correspondent à autant d'inondations successives, puisque sur cette épaisseur de 80 mètres on ne rencontre pas de preuve absolue d'émersion; leur répétition est cependant rendue probable parce que les fossiles caractéristiques se trouvent limités à cinq bancs distincts, séparés par des couches stériles.

Mais, au-dessus de V, on rencontre un filet charbonneux, puis un mur recouvert à son tour par une passée de 0 m. 18 : la mer s'était donc retirée à cette époque. Elle fait peu après un retour offensif qui détermine le dépôt du banc IV : ce fut la seconde invasion marine de Notre-Dame.

En suivant la bowette vers Olympe, on constate bientôt que le régime marin a cessé; on rencontre, en effet, une passée de charbon, puis ensuite un mur en place recouvert par sa passée de charbon, indice certain d'une nouvelle émersion. Une troisième invasion marine se produit alors, avec le banc n° III; les schistes qui le surmontent sont peu caractérisés, mais on rencontre bientôt une nouvelle passée, qui repose sur son mur en place, sur son ancien sol de végétation. Un nouveau banc marin n° II se montre ensuite, qui indique une quatrième invasion marine. Elle fut suivie d'une plus longue période d'émersion, car à 6 mètres de là, on rencontre une première passée avec son mur, et 14 mètres plus loin, une autre encore, reposant sur son mur; c'est alors que semble s'être produite avec le banc I la cinquième et dernière invasion marine de la région.

Ainsi l'analyse de la bowette de Notre Dame avec ses 9 lits marins, séparés par des lits de schiste et de grès grossiers, avec veines (passées) de houille reposant sur leurs murs à Stigmarias, permet de grouper ces 200 mètres de sédiments de telle façon qu'ils indiquent une succession d'au moins cinq (et peut-être neuf) invasions marines successives, d'importance décroissante, séparées par des périodes d'émersion pendant lesquelles les plantes houillères végétèrent dans les points mêmes où les coquilles des céphalopodes venaient s'échouer périodiquement, lors des inondations.

OBSERVATIONS PALÉONTOLOGIQUES SUR CETTE COUPE. — La faune des bancs marins houillers de la zone de Flines présente des variations assez étendues pour permettre d'y distinguer des faciès divergents, indices de profondeurs ou de conditions topographiques assez différentes.

On peut reconnaître, en effet, la série des faciès suivants, où l'ordre des numéros me paraît correspondre à des profondeurs croissantes :

1. Schistes calcareux, bitumineux, à Lamellibranches.
2. Calcaires argileux ou dolomitiques à Brachiopodes.
3. Calcaires à crinoïdes, du type *petit-granite*.
4. Schistes à nodules de spérosidérite à Céphalopodes et Spongiaires.

On n'a rencontré dans ce faisceau aucune couche saumâtre à poissons, ou à *Anthracomya*, *Carbonicola*, bien que ces bancs ne soient pas rares à d'autres niveaux de ce bassin : il semble qu'on doive en inférer que le passage des faciès marins au faciès terrestre ait dû se faire assez brusquement, des eaux douces succédant directement aux eaux marines, sans transition saumâtre et sans mélange de faunes. La venue des eaux douces s'est arrêtée tout d'un coup, comme si leurs sources localisées dans des régions insulaires ou littorales avaient disparu sous le niveau de la mer; leur disparition n'aurait pu se produire de la sorte, si ces eaux avaient été amenées par des fleuves, au long cours, drainant des continents montagneux.

Le dépôt des lits marins a dû se faire assez rapidement et en eaux calmes, car les *Productus* paraissent s'être adaptés à ces conditions un peu spéciales. Ils sont, en effet, remarquablement hérissés d'épines creuses (*Pr. carbonarius, longispinus*), très nombreuses et très longues. Ces coquilles vivant en bancs, dans des points où la vase s'accumulait sur eux (n° V), devaient pour respirer et échapper à l'ensevelissement complet, pousser leurs tubes au loin, jusqu'à des eaux plus pures. Certains lits schisteux doivent à l'accumulation de ces petites épines tubulaires un aspect poreux très spécial. De minces lits de schistes calcareux sont parfois formés des débris empilés de ces tubes de Productus (n° V).

Une autre raison établit que les eaux où pullulaient les *Productus* de Notre-Dame étaient vaseuses et chargées de sédiments; c'est une raison négative, il est vrai, fournie par l'absence générale et à peu près totale des débris de coralliaires. Les bancs d'encrines s'adaptaient donc à des eaux moins claires que les récifs coralliens.

Le faciès le plus profond correspond au dépôt des nodules à céphalopodes et spongiaires. Les Glyphioceras que je possède (n° VIII, 10 Ech.) appartiennent à une même espèce, différente des formes les plus communes de Chokier, à grand ombilic infundibuliforme (var. *crenata, biplex*), mais identique à la forme *tenuistriata* [1], si rare dans ce gisement. On doit à M. Haug la très intéressante observation que les cinq variétés : *coronata, crenata, biplex, tenuistriata, præmatura*, de *G. Beyrichianum* constituent une série continue dont chaque terme traverse, dans le cours de son évolution individuelle, des stades successifs, rappelant par la forme de leurs tours et l'ornementation les variétés diverses de l'espèce adulte. Ainsi, par exemple, la variété *tenuistriata* débute par un stade *coronata*; puis elle prend momentanément l'ornementation vigoureuse caractéristique du stade *crenata*; bientôt elle présente les côtes nettes, droites et bifurquées de la variété *biplex*, pour atteindre enfin un stade où les côtes sont fines, flexueuses et décrivent un sinus ventral très accentué. La variété *biplex* ne traverse, bien entendu, que les stades *coronata* et *crenata*; la variété *crenata*, que le stade *coronata*.

[1] Gl. Beyrichianum (de Kon.) var. *tenuistriata* Haug, Études sur les goniatites (*Mém. Soc. géol. de France*, vol. VII, n° 18, 1898, pl. I, fig. 9-21.)

Bowette 235 de la fosse Bernicourt d'Aniche

Figure 5, page 35

Echelle : 3 m/m = 1 m

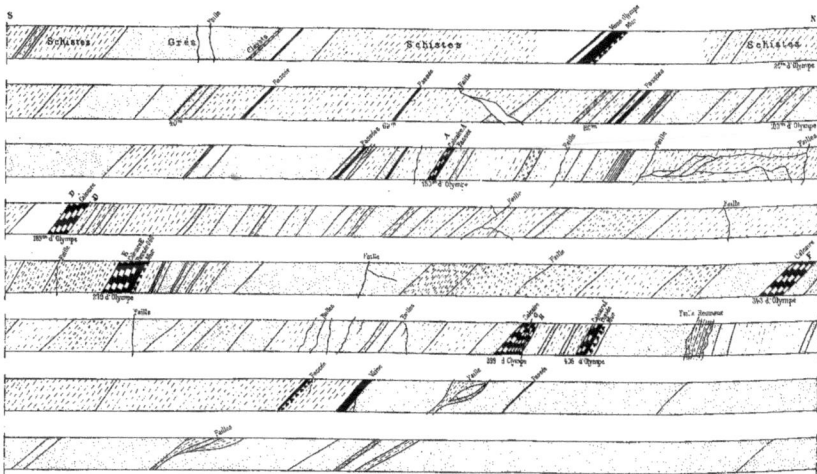

Courtier & Cie, 63, rue de Dunkerque, Paris

Toutes ces variétés se trouvent réunies dans l'assise des ampélites de Chokier. M. Haug les considérait comme des variétés individuelles et ne pouvait y voir les mutations successives d'un même type. La localisation de la variété *tenuistriata*, la plus évoluée de la série, dans les couches houillères d'Aniche, plus récentes que l'assise de Chokier, et d'autre part l'absence dans ces mêmes couches des variétés embryonnaires de Chokier, tendent cependant à montrer qu'il en est réellement ainsi : la paléontologie suppléerait au besoin à la stratigraphie, pour montrer que la Zone de Flines est plus récente que celle de Chokier.

Le trait le plus caractéristique de cette faunule me paraît fourni par la prépondérance des *Productus* du groupe *Marginifera*, distinct de ceux qui prédominent dans les calcaires dinantiens de la région. Les coquilles de ce groupe des *Marginiferas* offrent à l'intérieur de la coquille une crète verticale spéciale, disposée en cadre périphérique, qui borde le disque viscéral et le sépare de la portion périphérique de la coquille. Ce cadre, très marqué à l'intérieur de la valve dorsale, l'est moins sur l'autre valve, où il serait limité aux ailes, d'après Waagen [1]. Le genre, très répandu dans le Moscovien du Salt Range et de Russie, est représenté dans la zone de Flines par une forme qui se rapporte au *Productus marginalis* (Kon.); on peut encore lui rattacher le *Productus longispinus*, que Waagen, pour ce motif, considère comme l'ancêtre de *Marginifera* et que la plupart des savants considèrent comme synonyme de l'espèce si commune à ce niveau, que nous distinguons ici avec de Koninck et les géologues régionaux sous le nom de *Productus carbonarius*.

Coupe de la bowette de Bernicourt (étage 235).

(Fig. 5 et Pl. II, fig. 4.)

Cette bowette a été poussée au Nord de la fosse de Bernicourt, étage 235, de la veine Olympe MV 18 p. 100 (Fosse Bernicourt) à la veine Jacques MV 11 p. 100 (Fosse Déjardin). Elle a rencontré successivement à 351 mètres de l'accrochage les couches suivantes :

Veine Olympe (M V = 18)............................	0ᵐ35
Mur...	
Schiste...	16 00
Grès..	6 60

[1] WAAGEN, Productus Limestone fossils (*Paleont. Indica*, 1884, p. 713, 718).

5.

Filet de charbon.................................... 0^m01

Schistes et grès.................................... 4 00

Passée de charbon.................................. 0 30

Schiste... 8 50

Charbon.. 0 20

Schistes, avec failles............................... 7 00

Schiste... 3 50

Schistes avec 3 passées de charbon.................... 4 00

Schistes et grès.................................... 8 00

Grès... .7 50

Schiste... 6 00

Grès... 11 00

Grès avec passées charbonneuses...................... 1 00

Schiste... 2 00

Grès avec passées charbonneuses...................... 1 00

Schiste... 3 50

(A) Calcaire gris, à grains fins, à brachiopodes.............. 0 60

> *Productus semireticulatus*, Mart.
> *Marginifera marginalis*, Kon.
> *Schizophoria resupinata* Mart.
> *Schizophoria* sp.
> *Encrines.*

Calcaire à gros grains, avec encrines à sa partie supérieure..... 0 07

Passée de charbon.................................. 0 20

Schistes et grès.................................... 6 00

Schiste à clayats................................... 1 10

Schistes, avec failles............................... 3 50

Grès... 1 70

Schiste... 2 00

Schistes à clayats.................................. 0 80

Schiste, avec failles................................ 13 00

(D) Schiste à clayats, avec grosses tiges d'encrines............. 1 20

Schiste calcareux, charbonneux, à clayats et lits d'encrines rares et petites...................................... 1 20

> *Capulus neritoïdes* Phill.
> *Streptorhynchus crenistria* Phill.
> *Productus semireticulatus* Mart.
> *Productus carbonarius* de Kon.
> *Encrines.*

Calcaire gréseux, violacé, à grains fins, à petites encrines, comprenant un lit à *Taonurus* de 0 m. 10............... 0 80

	Calcaire gréseux, en bancs massifs	1.m 05
	Schistes et grès	2 00
	Schiste	9 00
	Grès	2 00
	Schistes et grès	10 00
	Schiste, avec failles	8 00
	Grès	2 20
	Schiste à clayats	3 00
	Grès	1 00
	Schistes, avec failles	10 00
	Schiste avec clayats	5 50
(E)	Grès calcareux à Productus bivalves, abondants	0 60

Productus semireticulatus Mart.
Productus carbonarius Kon.
Productus cora d'Orb.
Productus punctatus Mart.
Martinia glabra Mart.

	Schiste siliceux sans fossiles	0 75
	lit de pyrite	
	Terres charbonneuses	0 40
	mur tendre	0 25
	Passée de charbon	0 06
	mur	0 30
	Schistes et grès	3 00
	Grès	10 00
	Schiste	2 50
	Schiste à clayats	14 00
	Grès	2 00
(F)	Schiste calcareux à crinoïdes	0 80
(F)	Calcaire bleu cristallin, fétide, à crinoïdes	0 15
(F)	Schiste calcareux à encrines	0 35

Productus semireticulatus Mart.
Productus carbonarius de Kon.
Productus scabriculus Mart.
Marginifera marginalis de Kon.
Streptorhynchus crenistria Phill.

Grès	1 00
Schiste	7 00
Schistes et grès, avec failles	5 00
Schiste	3 00
Grès	2 50

Schistes et grès, avec failles 11ᵐ00

Schiste 3 00

Grès 1 80

(G) Schiste calcareux à encrines, avec nodules sidéritifères, bleu
    clair 1 00

    Fossiles trouvés dans le schiste :

      Loxonema sp.
      Productus carbonarius de Kon.
      Productus semireticulatus Mart.
      Marginifera marginalis de Kon.
      Spirifer octoplicatus Sow.
      Rhipidomella Michelini Lev.
      Martinia glabra Mart.
      Dielasma sp.
      Articles d'encrines.
      Spicules d'éponges hexactinellides.

    Fossiles trouvés dans les nodules :

      Goniatites sp.
      Marginifera marginalis de Kon.
      Productus carbonarius de Kon.
      Spirifer octoplicatus Sow.
      Spirigerella subtilita Dav.

(H) Calcaire sombre à encrines 0 45

    Schiste calcareux à encrines 0 20

      Productus carbonarius de Kon.
      Protoschizodus orbicularis, Mac Coy.

Schistes et grès 0 70

(J) Calcare lumachelle formé d'*Orthis resupinata* Mart. 0 45

Passée de charbon très dur 0 30

mur 1 50

Grès 8 00

Schistes et grès, avec failles 3 00

Schiste 8 00

Grès 0 50

Schiste 20 00

Passée et mur 0 30

Schiste 3 00

Passée 0 40

Grès, avec failles, schistes intercalés ....

La suite, au Nord, des couches traversées par cette bowette, jusqu'à la rencontre du faisceau (A²) exploité à Déjardin, n'ayant pas fourni de fossiles, ne sera pas donnée ici. Elle comprend des schistes et grès, découpés par divers petits dérangements, et plusieurs passées, avec mur en place. Aucun niveau marin, ni calcaire, n'y a été reconnu. Elle présente les caractères ordinaires de la zone de Vicoigne A²; mais il convient plutôt de la rapporter encore à la zone de Flines, qui a été reconnue avec ses caractères paléontologiques dans le creusement de la fosse Déjardin, où la coupe suivante a été relevée :

COUPE DE LA FOSSE DÉJARDIN.

Terrain crétacé. 150ᵐ00

Terrain houiller :

Schiste noir (incl. 44°) 2 90
Schiste à veinules de charbon 21 80
Schiste à nombreux clayats. 1 00
Schiste. 2 70
Schiste gréseux. 2 10
Schiste avec passée de charbon 2 00
Schiste à lits d'encrines (incl. 35°) . . . . 0ᵐ10 à 0 20

Ce schiste calcaro-pyriteux, généralement altéré, sulfatisé, présente des lits alternants de lumachelle à *Orthis* et de schiste argilo-calcaire à encrines. Ces lits m'ont présenté cette particularité remarquable que les diaclases parallélépipédiques, qui les traversent, étaient tapissées d'un enduit de charbon strié, brillant, à fibres orientées normalement aux parois. Il y a donc eu dans ces roches une formation de charbon secondaire, au même titre que les enduits si répandus de calcite, quartz ou pyrite.

Les fossiles reconnus dans cette lumachelle sont :

Schizophoria resupinata Mart.	*Spiriferina octoplicata* Sow.
Streptorhynchus crenistria Phill.	*Rhynchonella* sp.

Dolomie grise, grenue, à filonnets de calcite et pyrites. 0ᵐ70
Passée charbonneuse (noireux). . . . .
Schiste friable 5 40
Schiste gréseux. 2 20
Schiste avec passées de charbon 1 75
Schiste et grès alternants.

Au Nord de ces terrains, rencontrés dans la fosse, on traverse une faille (incl. S = 75°), et on passe directement au delà, sur le faisceau des veines maigres (Paul, Jacques, etc.) exploité à Déjardin : cette faille a remonté la zone de Flines au-dessus de couches présentant la série des flores B^1, A^2, de M. Zeiller.

Les fossiles suivants ont été reconnus dans les toits de ces veines :

Veine Paul :

Nevropteris gigantea Sternb.	*Sphenopteris obtusiloba* Br.

Veine Jacques :

Alethopteris Davreuxi, Br. assez fréquent.	*Pecopteris Volkmanni*, Sauveur.
Alethopteris decurrens, Artis, très rare.	*Sphenophyllum myriophyllum*, Crépin.
Nevropteris obliqua, Br. abondant.	*Annularia radiata*, Brong.
Nevropteris flexuosa, Sternb. abondant.	*Calamites Schützei*. Stur.
Mariopteris muricata, Schlt. abondant.	*Calamites Suckowi*, Br.
Sphenopteris obtusiloba, Br.	*Lepidodendron obovatum*, Sternb.
Corynepteris Essinghi, Andrae.	*Sigillaria Davreuxi*, Br.

Comparaison de cette coupe de Bernicourt avec celle de Notre-Dame. — La comparaison de cette bowette (235 mètres) avec celle de Notre-Dame établit par l'argument paléontologique, comme au point de vue stratigraphique, qu'elles traversent les mêmes couches. Les petites différences de succession et d'épaisseur qu'on observe doivent plutôt être attribuées aux nombreuses failles rencontrées qu'à des différences initiales des dépôts. La distance totale de la série, d'Olympe au banc J, étant de 265 mètres (épaisseur 160 mètres de A à J), montre d'ailleurs que cette différence est faible. Les alternances des murs continentaux et des bancs marins n'indiquent ici que trois invasions marines successives, mais cette réduction n'est qu'apparente et due à ce que des murs ont échappé à l'observation, comme le fera voir plus loin la bowette de l'étage 308, inférieur à celui-ci.

La comparaison des lits calcaires, dans les deux bowettes étudiées, montre assez de rapports et de différences pour qu'il soit parfois difficile de les identifier entre eux (fig. 7). Ainsi le banc A peut correspondre à I ou II, sa partie inférieure rappelle plutôt les caractères de I. Les bancs supérieurs A à D, I à III n'ont pu être identifiés terme à terme, c'est qu'en effet ils ne présentent pas de caractères propres exclusifs. Les couches inférieures sont mieux caractérisées, le banc E peut être assimilé avec sécurité au banc IV ; c'est de part et d'autre un calcaire gréseux dolomitique, rempli d'une même variété de *Productus semi-reticulatus*, bivalve, à l'état de moules internes montrant les impressions musculaires préservées, et ayant laissé dans la roche de belles empreintes du test.

Le banc F correspond au calcaire VI, c'est le même calcaire encrinitique à *Productus* alternant avec un calcaire schisteux à encrines.

Les bancs voisins G, H sont identiques aux bancs voisins VII, VIII ; ce sont des calcaires siliceux, durs, sidéritiques, noduleux, à cassure conchoïde, associés à des calcaires spathiques, noirs, sombres, à crinoïdes : leur faune se distingue par la présence de céphalopodes (*Glyphioceras*), de divers petits gastropodes, de brachiopodes spéciaux (*Athyris, Spirigerella, Dielasma*) associés aux *Productus*, et de spicules d'éponges hexactinellides : c'est, de toute la série, la zone qui s'est déposée sous la plus grande profondeur d'eau. Enfin le banc J est la continuation de IX, de part et d'autre se retrouve la même luma-chelle à Orthis.

Une autre particularité intéressante de cette coupe est fournie par la pré-sence dans la série marine (banc D) d'un lit de o m. 10 tapissé de fossiles spé-ciaux, flabellés, paraissant identiques à ceux qui ont été signalés dans les mêmes conditions, dans le terrain houiller de l'Illinois, par Lesquereux [1], sous le nom de *Taonurus Colletti* et qu'il rapportait à des algues marines, tandis que les plus récentes recherches de M. Sarle [2] les rapportent à des tubes d'anné-lides polychètes sédentaires.

Le faisceau des couches constituant la zone de Flines, épais dans son ensemble de 160 mètres à 180 mètres, se montre ici, comme à Notre-Dame, indépendant des formations d'eau douce qui lui succèdent, au sud comme au nord. Au sud, vers Olympe, on passe régulièrement et sans interruption sur le faisceau des charbons 3/4 gras, exploités dans la fosse Bernicourt; au nord, au contraire, on traverse avant d'arriver sur le faisceau de Jacques et des char-bons maigres de 10 à 12 p. 100 de MV, une région brouillée et disloquée, qui nous paraît correspondre, comme à Notre-Dame, à une zone faillée importante.

[1] LESQUEREUX, *Coal Flora of the U. S.*, p. 7, pl. A, fig. 7.
[2] SARLE, Prelim. note on the nature of Taonurus, Proceed. of the Rochester Acad. of Science, vol. 4, p. 211, 1906.

Coupe de la bowette de Bernicourt
(étage 308).

(Fig. 6 et Pl. III, fig. 5.)

La bowette de l'étage 308 de Bernicourt est ancienne, abandonnée, au point que l'étude n'en n'était plus possible en divers endroits; la coupe suivante, relevée par M. Plane dans la région des bancs calcaires, a nécessité de nouveaux travaux, faits en vue de la présente étude.

On a rencontré successivement à 267 mètres de l'accrochage :

Voisin d'Olympe (Passée)	0^m16
Schiste	0 26
Grès	1 40
Veine Olympe	0 35
Schistes, avec mur à Stigmaria	14 00
Grès	12 00
Schiste	25 00
Charbon	0 30
Schiste	7 00
Grès	1 50
Schiste	3 00
Grès	9 00
Schistes et grès	1 50
Schiste	5 50
Grès	6 00
Schiste à clayats	9 00

(A) {
- Calcaire à grains fins 0 05
- Calcaire à gros grains, à encrines 0 18
- Calcaire spathique bleu noir à encrines, *Orthis resupinata* 0 12

Charbon	0 20
Mur	1 17
Schiste	7 50
Schiste à clayats	1 50
Schistes bitumineux, noir (à 294 mètres de l'accrochage), très fossilifère	7 00

Orthothetes arachnoidea, Phill.
Discina nitida, Dav.
Débris de tiges végétales.

Bowette 308 de la fosse Bernicourt d'Aniche   *Figure 6, page 42*

Echelle : 3m/m = 1c

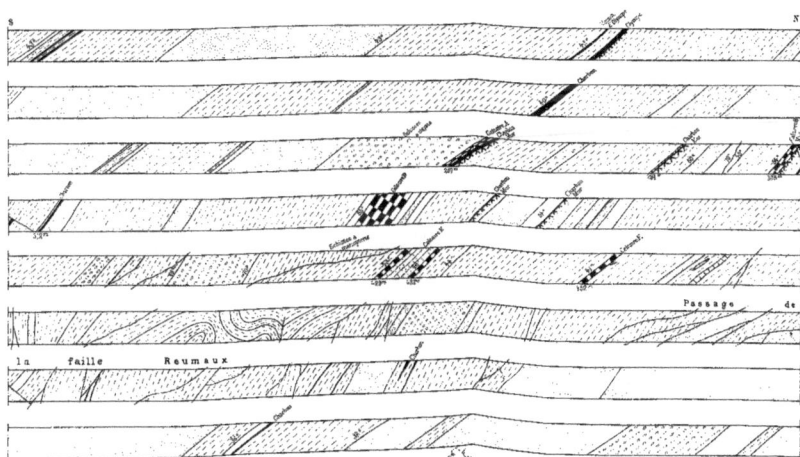

Passage de

la   faille   Reumaux

Charles & Cie, 63, rue de Dunkerque, Paris

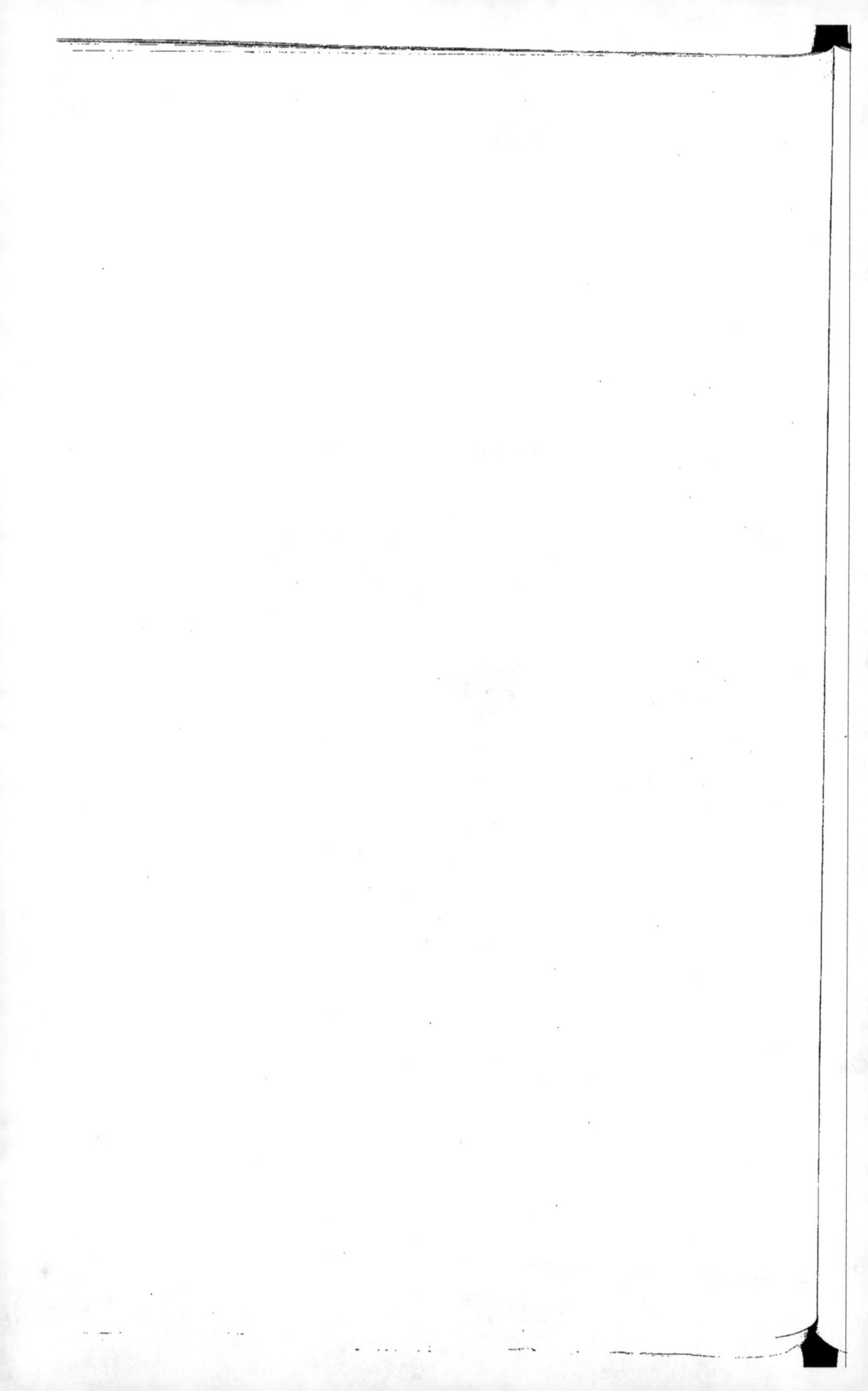

Analyse de ce schiste :

$$\text{Matières volatiles} = 15.85 \ldots\ldots\ldots \begin{cases} C = & 12.34 \\ H = & 0.95 \\ O = & 2.56 \end{cases}$$

Silice. 53.46
Fer (Fe² O³). 5.89
Alumine. 22.65
Chaux 0.95
Perte et non dosé. 1.20

TOTAL. 100.00

Filet charbonneux. 0ᵐ02
Mur. 0 30
Schiste. 2 10
Grès. 1 50
Schistes, avec failles. 4 70
(B) Calcaire sidéritique, bleu clair, siliceux, compacte. 0 20

    Orthis resupinata Mart.
    Streptorhynchus crenistria Phill.
    Productus semireticulatus Mart.
    Productus cora d'Orb.
    Productus scabriculus Mart.
    Martinia glabra Mart.
    Spirifer bisulcatus Sow.
    Encrines.

Schistes à encrines, spirifer. 0 05
Calcaire à petits crinoïdes. 0 10
Schiste gréseux, mur à empreintes végétales en place, stigmaria
    avec radicelles, quelques-unes bifurquées, perforant la roche
    schisteuse. 0 25

    Mariopteris muricata Schlt.
    Calamites Cisti Brg.

Schistes, avec failles, et passées de charbon, renfermant au toit
    de la passée suivante des macrospores de Sigillariastrobus et
    débris de feuilles de sigillaires 4 30
Charbon. 0 03
Grès. 1 80
Schiste. 8 00
Grès. 2 00
Schiste. 16 00

6.

(D) Schistes à grandes encrines et lamellibranches............. 0^{m}65

> *Sanguinolites ovalis*, Hind.
> *Sanguinolites v-scriptus*, Hind.
> *Pseudamusium fibrillosum*, Salter.
> *Parallelodon Geinitzi* de Kon.

Calcaire spathique, gris bleu, à encrines................. 0 95

> *Spirifer bisulcatus* Sow.
> *Productus carbonarius* de Kon.
> *Orthis resupinata* Mart.
> *Leptœna* sp.

Schiste à grosses encrines............................ 0 20
Grès calcareux en petits bancs schisteux, à encrines........ 1 30
Schiste... 0 60
Grès.. 0 50
Schiste... 5 50
Charbon.. 0 10
Mur.. 0 40
Grès.. 3 00
Schiste... 1 10
Filet charbonneux et mur..........................
Grès.. 1 70
Schiste... 1 40
Grès.. 1 60
Schiste... 1 30
Grès.. 1 40
Schiste... 20 00
Schiste à clayats................................ 3 50
Schistes, avec failles. Lits de clayats.............. 21 00

(E) { Calcaire argilo-dolomitique à encrines et abondantes *Athyris ambigua* Sow. à l'état de moules internes.................. 0 50

Schiste grossier, légèrement calcareux, renfermant un mélange de plantes terrestres et d'animaux marins. La flore composée de débris flottés comprend des *Artisia* (rameaux de Cordaïtes), des rachis de fougères, des *Calamites* (*C. Cisti*, *C. Suckowi*), et des graines à symétrie ternaire voisines des Trigonocarpus, présentent 3 crêtes fortes alternant avec 3 crêtes un peu plus faibles. 1 80

> *Glyphioceras reticulatum* Phill.
> *Discina nitida* Dav.
> *Athyris ambigua* Sow.
> *Aviculopecten gentilis* Sow.
> *Posidoniella minor* Brown.
> *Encrines, rares articles.*

	Calcaire fétide à *Productus semireticulatus* et encrines.	$0^m 5o$
	Schistes, avec failles.	11 oo
(F)	Schiste noir à minces lits gréseux intercalés, rappelant le quarzo-phyllade ardennais.	o 5o

> *Productus semireticulatus* Mart.
> *Chonetes Laguessiana* Kon.
> *Schizodus antiquus* Hind.
> *Articles d'Encrines.*
> *Végétaux, en débris flottés.*

Schistes	4 oo
Grès.	o 6o
Schistes et grès calcareux	1 5o
Schistes, avec failles.	6 oo
Grès.	o 5o
Schistes très plissés et faillés, environ	10 oo
Grès.	o 5o
Schistes à clayats	5 5o
Grès.	o 5o
Schistes et grès subordonnés, plissés et faillés (environ).	3o oo
Schistes très faillés, friables, d'un noir luisant (environ)	10 oo
Schistes et grès prédominants, avec passées de charbon.	

J'ai essayé (pl. 3, fig. 5) de raccorder schématiquement les coupes des deux bowettes superposées des étages 235 et 3o8 de Bernicourt, mais n'y suis arrivé que d'une façon très approximative, malgré la faible distance verticale de 73 mètres qui les sépare. Les difficultés sont inhérentes à la fois aux incertitudes d'identification des divers bancs calcaires et aussi à la complexité des petites failles qui les disloquent : la coupe des bowettes superposées de l'Escarpelle, que nous reproduisons plus loin (fig. 9, p. 55) et qui a été si habilement interprétée par M. Sainte-Claire Deville, donne une idée nette du problème à résoudre.

La comparaison des deux bowettes superposées de Bernicourt montre en tous cas une différence très nette entre elles, dans l'absence à la bowette 3o8 du faisceau des lits inférieurs G, H, J de la bowette 235, faisceau qui est le mieux caractérisé et le plus facile à reconnaître de la série calcaire de Flines. On est d'autant plus fondé à attribuer leur absence au passage d'une faille qu'on les retrouve à Notre-Dame et ailleurs avec les mêmes caractères et qu'ils paraissent ainsi des termes constants de la série. Enfin la coupe détaillée de la bowette montre à la place qu'ils devraient occuper des roches friables, écrasées, et de nombreuses cassures, qui jalonnent le champ des grandes failles déjà signalées dans la même position à Notre-Dame, à Berni-court (235), et que nous retrouverons dans toute cette région entre la zone de Flines et les couches du houiller productif (zone de Lens), qui leur fait suite au Nord.

Le banc calcaire F est comparable dans les deux bowettes; il en est de même des bancs de calcaire dolomitique E à *Productus semireticulatus* et *Athyris ambigua*, bien que le schiste intermédiaire à goniatites n'ait pas été reconnu à 235. Le faune et les caractères lithologiques des bancs D per-mettent de les assimiler; le banc B de 308 me paraît correspondre au banc A de 235.

Enfin l'épaisseur des couches comprises entre Olympe et les cassures qui enlèvent les couches calcaires inférieures G, H, J, étant de 263 mètres d'après la coupe (162 mètres entre A et la faille), est peu différente de la précédente.

La comparaison de cette bowette 308 de Bernicourt avec celles de Notre-Dame (fig. 7) montre aussi entre elles des ressemblances, ainsi le banc B cor-respond au banc II de Notre-Dame par la présence commune de *Streptorhyn-chus arachnoïdeus*, variété de grande taille, de *Productus cora*, *Pr. scabriculus*, *Spirifer bisulcatus*. Le banc D rappelle également d'assez près le banc III de Notre-Dame.

Les successions de conditions marines, séparées par des conditions ter-restres qui ont présidé aux accumulations végétales des veines de houille reposant sur leur mur, sont ici, d'après notre coupe, au nombre de six : ce nombre se rapproche davantage de celui de Notre-Dame que de celui de la bowette 235, où des murs ont sans doute échappé à l'observation.

L'analyse des faits relevés dans cette bowette permet plusieurs remarques sur le mode de formation des couches de ce faisceau houiller à alternances calcaires; ainsi le mur avec radicelles de Stigmaria, qui se trouve immédiate-ment en place sous le lit calcaire B, sans interposition de la veine de charbon, indique qu'il y a eu dans la région des ravinements et des enlèvements de veines charbonneuses, au début de certains envahissements marins. Le calcaire marin B aurait ici enlevé la veine sous-jacente et respecté le mur sous-jacent, rendu plus résistant par l'enchevêtrement de ses racines.

Le banc E présente un autre fait notable, dans l'association et le mélange dans une même couche de schiste, comprise entre deux lits calcaires dont la

L'ESCARPELLE.

BERNICOURT.

NOTRE-DAME.

N° 5.

B. 3o8.   B. 235.

B. 441.

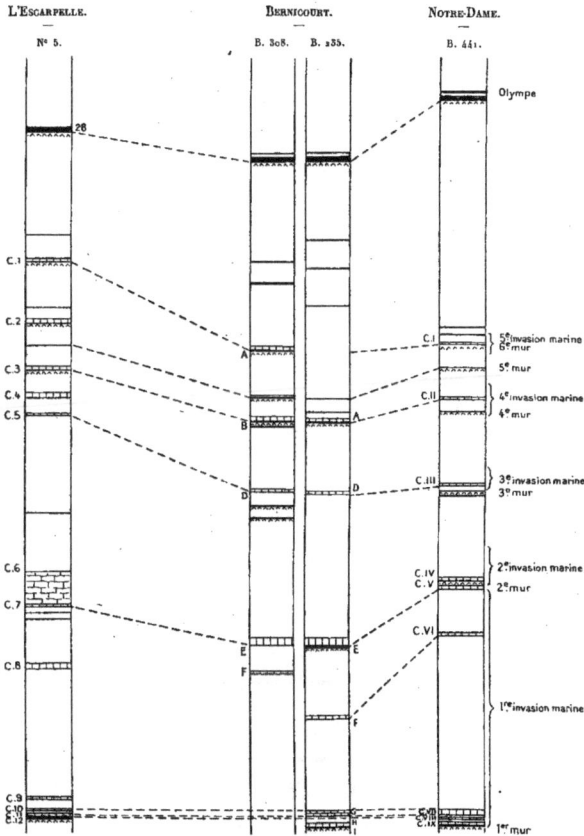

Fig. 7. — Succession des couches formant la zone de Flines, à l'Escarpelle, à Bernicourt, à Notre-Dame.

Échelle : 1/2.000.

faune n'est guère distincte, de formes pélagiques (*Glyphioceras reticulatum*) [1] et de plantes terrestres, Cordaïtes, Calamites, Fougères. La présence de ces plantes flottées, dans le schiste marin, indique l'envasement progressif de la mer où s'était déposé le banc calcaire sous-jacent; des courants du large entrainaient des Céphalopodes à la côte, tandis que des rivières côtières y charriaient des boues et des débris végétaux. L'absence de formes saumâtres parmi les fossiles marins rencontrés apprend que les eaux devaient être marines, et que par conséquent les terres d'où venaient les eaux douces étaient lointaines, ou plutôt, ce qui est plus probable en raison de la bonne conservation de certains débris végétaux, que les terres où croissaient les plantes n'étaient que des ilots vaseux émergés, dans une région littorale marécageuse.

Faisceau de Dorignies.

(Pl. II, fig. 1.)

Le faisceau désigné dans la concession de l'Escarpelle, sous le nom de *faisceau de Dorignies*, renferme un grand nombre de veines de charbons à coke, dont la teneur en MV varie de 18 à 27 p. 100, de la plus ancienne à la plus récente. Il est situé au sud des faisceaux 1/4 gras et 1/2 gras dont il est séparé par une zone stérile renfermant des bancs à faune marine (calcaires et schistes de Flines), sur lesquels M. Sainte-Claire Deville [2] fut le premier à appeler l'attention. Je donnerai ici la liste des fossiles recueillis par M. Sainte-Claire Deville : un certain nombre d'entre eux a été déposé par lui au Musée houiller de Lille, les autres à l'École des Mines de Paris, où M. Douvillé a bien voulu les mettre à ma disposition.

Le gisement des veines de ce faisceau de Dorignies a été très bien élucidé par les travaux de la compagnie de l'Escarpelle. Ces veines au nombre de 28 occupent un pli synclinal versé, ouvert à l'est mais fermé à l'ouest, de telle sorte que la veine n° 1 en occupe le centre et la veine n° 28 la périphérie (voir Pl. I). Pour toutes les veines comprises entre n° 1 et n° 11, la courbure périsynclinale a été constatée par les travaux d'exploitation, qui ont vu la

[1] Nos échantillons se rattachent au *Glyphioceras reticulatum*, Phill. (in Haug, Mém. Soc. géol. de France, vol. VII, n° 18, 1898, p. 7, pl. 1, fig. 32-42) par les caractères extérieurs de l'adulte, à petit ombilic, ainsi que par les caractères des jeunes échantillons qui présentent les formes à grand ombilic, distinguées par M. Haug sous le nom de *G. jugosum*.

[2] SAINTE-CLAIRE DEVILLE, *Ann. Soc. géol. du Nord*, t. XXXI, 1902, p. 33; *ibid.* XXXII, 1903, p. 198; et *Bull. Soc. industrie minérale*, t. II, 1903, p. 1113.

direction des couches s'infléchir et les veines du nord se continuer avec celles du midi, tandis que celles-ci se renversent, toit dessous et mur dessus. Au toit de la veine n° 6, on remarque un lit à *Anthracomya carinata*.

Pour les veines comprises entre n° 11 et n° 21, les travaux n'ont pas été poussés assez loin pour reconnaître le même fait; enfin pour les veines inférieures (n° 21 à n° 28) le renversement du flanc sud est bien net, mais il est impossible aux travaux de passer de la partie en plateure à la partie renversée à cause de la faille dite « cran du mariage » qui les sépare (Pl. 2, fig. 1). Cependant M. Sainte-Claire-Deville a pu établir que « la veine bleue » située au midi du cran du mariage était la même que la veine n° 28 du nord, renversée. L'assimilation, veine par veine, de part et d'autre de cette faille, n'est plus douteuse depuis l'étude qui en a été faite par M. Sainte-Claire Deville : elle est prouvée par l'identité de composition des veines, l'identité de succession des terrains, l'identité d'épaisseur des stampes entre les veines, et enfin par la découverte au midi de la veine bleue d'une bande de calcaire marin fossilifère, correspondant au banc C² du nord de la veine n° 28.

M. Sainte-Claire Deville a insisté avec raison sur la continuité tout autour du synclinal de Dorignies de cette ceinture d'intercalations calcaires, avec fossiles marins, épaisse d'environ 300 mètres (notre zone de Flines). L'étude détaillée qu'il en a faite lui a permis de faire des identifications, strate par strate, dans les différents points où ils ont été rencontrés, au nord des fosses 3 et 5 et au midi de la veine bleue. Ces bancs ont été vus d'abord dans les bowettes au Nord des niveaux 540 et 426 dans le champ de la fosse n° 5, puis, par induction, recherchés et trouvés dans les travers-bancs nord de la fosse n° 3 et dans la bowette midi, niveau de 446 à la fosse n° 4.

Les toits des passées et des veines intercalées dans la région des calcaires n'ont pas encore fourni d'empreintes végétales déterminables; ceux des veines inférieures de Dorignies n'en ont pas fourni davantage. Les veines dont la flore est la mieux connue sont les veines n° 15 et n° 5, du nord de la fosse n° 5.

Les espèces suivantes, récoltées par M. Sainte-Claire-Deville dans le n° 15 (niveau de 540 mètres) MV = 23 p. 100, ont été déterminées au musée houiller de Lille par M. Paul Bertrand :

Tripterospermum sp.
Nevropteris heterophylla, Brong.
Cyclopteris orbicularis, Brong.
Pecopteris dentata, Brong.
Sphenopteris Hoeninghausi, Brong.
Mariopteris muricata, Schlt.
Cordaïtes, sp.
Bothrodendron minutifolium, Boulay.

STRATES MARINES. — I.   7

IMPRIMERIE NATIONALE.

Asterophyllites lycopodioïdes, Zeill.
Asterophyllites grandis, Sternb.
Asterophyllites longifolius, Sternb.
Sphenophyllum cuneifolium, Sternb.
Calamophyllites Goepperti, Ettingsh.
Calamites Suckowii, Brong.

Calamites Cisti, Brong.
Hymenophyllites quadridactylites, Gutbier.
Pinnularia columnaris, Artis.
Lepidodendron obovatum, Sternb.
Spirorbis pusillas, Mort.
Écailles de poissons.

Les espèces suivantes ont été reconnues dans les mêmes conditions, dans la veine n° 5.

Alethopteris valida, Boulay.
Nevropteris acuminata, Schlt. ?
Mariopteris aff. Dernoncourti, Zeill.
Pecopteris dentata, Brong.
Calamophyllites Goepperti, Ettingsh.
Asterophyllites grandis, Sternb.

Sphenophyllum cuneifolium, Sternb.
Lepidodendron obovatum, Sternb.
Lepidodendron obovatum var. aff. Zaraczewski, Zeiller.
Sigillaria tessellata, Brong.
Sigillaria reniformis, Brong.

Ainsi, les échantillons récemment recueillis concordent, avec ceux qui avaient été remis à M. Zeiller en 1888, pour établir que ces florules appartiennent, comme il l'avait reconnu, à sa zone **B**². On ne peut cependant en conclure que le faisceau de Dorignies tout entier appartienne à cet étage, puisqu'il y a place pour la flore A dans la série comprise de la veine n° 16 à la veine n° 28, et pour la flore C de la veine n° 1 à la veine n° 4.

Bien plus, les échantillons que nous possédons de la veine n° 24 de l'Escarpelle permettent de la ranger dans l'horizon **A**² de M. Zeiller. Ce sont :

Alethopteris lonchitica Schlt..
Nevropteris obliqua Brg.
Nevropteris gigantea Sternb.
Nevropteris heterophylla Brg.
Lonchopteris Eichweileriana Andrae.

Sphenopteris furcata Brg.
Sigillaria mammillaris Brg.
Sigillaria ragosa Brg.
Sigillaria elegans.

La coupe de la bowette ouverte au Nord dans la fosse n° 5, que nous allons résumer, donne la série des couches inférieures à la veine n° 28 et à l'horizon **A**².

Coupe de la bowette Nord de la Fosse n° 5 de l'Escarpelle, à l'étage 540.

(Fig. 8.)

La coupe détaillée de cette bowette, relevée avec le plus grand soin par M. Sainte-Claire Deville, nous a été communiquée obligeamment par la

Bowette N. de la fosse N° 5 de l'Escarpolle

Figure 8, page 51.

Echelle : 3ᵐᵐ = 1ᵐ

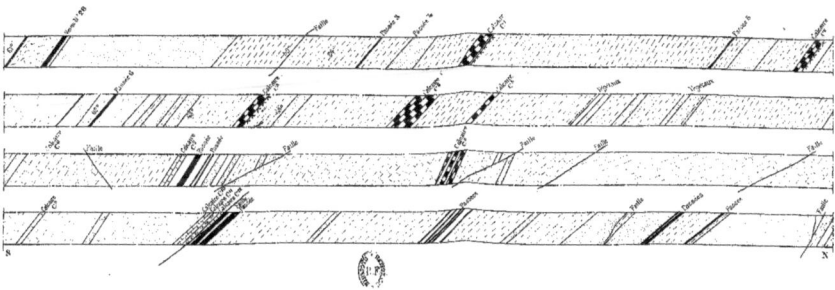

Chpotier & Cⁱᵉ, 43, rue de Dunkerque, Paris.

Compagnie de l'Escarpelle. On rencontre successivement les couches suivantes, au mur de la veine n° 28, vers le Nord [1].

Veine n° 28 (M V = 23 p. 100, incl. 61°) très plissée	0^m 90	
Grès	10 00	
Schistes, incl. 39° à 64°, avec failles	10 50	
Passée de charbon	0 15	
Schiste	2 30	
Passée de charbon	0 02	
Grès	2 00	
Schiste gréseux, à sphérosidérite, sans fossiles	3 20	
(C¹) { *Calcaire à encrines*	0 25	
Schiste gréseux, à coquilles pyritisées (incl. 62°) Orthis	0 10	
Passée de charbon	0 21	
Schiste, mur à Stigmarias		
Schiste	20 00	
Passée de charbon	0 15	
Schiste, à sphérosidérite	1 50	
Grès	2 10	
Schiste	3 30	

Schiste fin fossilifère	0 03
Calcaire gris compacte à encrines, analysé par M. Sainte-Claire Deville [2]	0 30

(C²)

Si O³	$= 23.9$
Ca O	$= 23.5$
Mg O	$= 5.58$
Fe O	$= 5.005$
Al² O³	$= 7.90$
CO³	$= 33.70$
Total	**99.36**

Schiste calcareux à encrines, à stratifications entrecroisées	0 12
Schiste à végétaux, présentant les caractères d'un mur	0 45
Schiste	6 00
Filet charbonneux	

[1] Dans cette coupe, les formations d'eau douce sont composées en caractères ordinaires et les formations marines en italiques. Les épaisseurs données sont comptées normalement aux couches. La veine n° 28 de cette coupe correspond, d'après les ingénieurs de l'Escarpelle, à Olympe d'Aniche ; les ingénieurs d'Aniche tendent plutôt à l'assimiler à une passée indiquée sur nos coupes de Bernicourt au Nord d'Olympe, et qui en est voisine : l'indétermination est ainsi négligeable.

[2] Sainte-Claire-Deville, *Bull. Soc. ind. minér.*, t. II, 1903, p. 1117.

7.

Grès.. 1ᵐ50

Schiste.. 1 3o

Charbon schisteux (incl. 62°)............................ 0 22

Schiste.. 2 00

Grès... 1 6o

Schiste.. 0 4o

Grès... 1 00

Schiste.. 0 20

Grès... 1 3o

Schiste.. 5 00

(C³) { *Schiste fin, avec rares Productus.*.................... 0 10

Calcaire noir à encrines, analysé par M. Sainte-Claire-Deville.... 0 20

$$Si\, O^2.............................. = 18.5o$$
$$Ca\, O................................ = 43.oo$$
$$Mg\, O............................... = 4.5g$$
$$Fe\, O................................ = 4.53$$
$$Al^2\, O^3 .... = 4.16$$
$$CO^2................................. = 24.97$$

TOTAL................. 99.75

(C³) { *Grès grossier à stratifications entrecroisées*.............. 0 15

Schiste gréseux à empreintes de Productus.............. 0 10

Schiste à végétaux présentant les caractères d'un mur........ 1 20

Schiste.. 3 00

Schiste gréseux... 1 00

Schiste.. 7 00

(C⁴) { *Schiste fin à encrines, en débris stratifiés*.................. 0 65

Orthis.

Edmondia.

Calcaire dolomitique, grossier.......................... 2 5o

Schiste.. 5 00

(C⁵) { *Schiste fin fossilifère*.................................... 0 02

Calcaire gréseux à Productus.......................... 0 10

Schiste gréseux fossilifère................................ 0 o5

Schiste, traversé de failles................................ 8 00

Schiste, lit à empreintes végétales..................... 0 10

Grès... 0 20

Schiste.. 3 00

Grès... 0 20

Schiste.. 3 00

Grès... 0 5o

Schiste offrant à la base les caractères d'un toit à empreintes . végétales, *feuilles de Cordaïtes*. , , ... , ...   1^{m}5o

    Calamites Suckowii Brg.
    Calamites Cisti Brg.
    Nevropteris Schlehani Stur.
    Débris de sacs polliniques.

Schiste gréseux. 1 00
Schiste, avec failles. . . . . : 9 5o
Grès. 1 00
(C⁶) *Schiste fin fossilifère*. 8 00

    Glyphioceras reticulatum, Phill.
    Nautilus sp.
    Orthoceras sulcatum, Mac Coy.
    Orthoceras aciculare, Brown.
    Edmondia sp.
    Pseudamusium sp.
    Aviculopecten gentilis, Sow.
    Aviculopecten sp. concentricostriatus, Mac Coy (in Tornquist).
    Solenomya costellata Mac Coy.
    Sedgwickia attenuata Mac Coy.
    Martinia glabra, Mart.
    Chonetes variolata, d'Orb. [1].
    Productus carbonarius, Kon.
    Discina nitida, Dav.
    Lingula mytiloïdes, Sow.
    Débris végétaux, Stigmarias.

(C⁷) { Schiste fin, sans fossiles, séparé des précédentes par une faille . .   6 00
    { *Calcaire gréseux à Productus* . . . .   o 8o
    { *Schiste* . . . .   o 8o

    Euphemus Urei Flem.
    Martinia glabra, Mart.
    Productus carbonarius, Kon.
    Orthis sp.
    Lingula mytiloïdes, Sow.
    Discina nitida, Dav.
    Sedgwickia attenuata Mac Coy.

Passée de charbon . . . .   o 25
Schiste friable. 1 00
Passée de charbon. . . . .   o 10

[1] *In* DE KONINCK, *Monographie des Chonetes*, p. 2o6, pl. 2o, fig. 2.

	Schiste..	0ᵐ50
	Passée de charbon.............................	0 11
	Schiste..	0 3o
	Grès..	0 70
	Schistes et grès, avec failles..........................	5 00
	Schiste..	17 00
(C⁸)	*Schiste à fossiles marins........................*	0 4o
	Calcaire...................................	0 20
	Schiste	0 5o
	Grès dur avec encrines	0 5o
	Schistes et grès, avec failles	5 00
	Schiste..	3o 00
(C⁹)	*Schiste fossilifère................................*	(Mince)
	Schiste.................................... 5 à	6 00
	Grès..	0 5o
	Schiste..	8 00
(C¹⁰)	*Schiste fin fossilifère ....*	0 6o

        Productus carbonarius, Kon.
        Productus semireticulatus, Mart.
        Streptorhynchus crenistria, Phill.

(C¹¹)	*Schiste avec lit de septarias calcaires, très fossilifères* (clayats)....	0 10
(C¹²)	*Calcaire lumachelle à Orthis*..........................	0 08
	— Faille —..............................	
	Passée de charbon.............................	0 3o
	Grès en lentilles..............................	
	Schiste..	0 70
	Schiste à empreintes de toit	0 05
	Veine de charbon	0 55
	Schiste..	5 5o
	Grès..	0 4o
	Schiste..	6 00
	Charbon formant cinq passées dans les schistes, sur l'épaisseur de	2 00
	Schiste..	2 5o
	Grès..	0 20
	Schiste..	2 5o
	Grès..	1 5o
	Schistes, avec failles.............................	0 5o
	Grès..	3 00
	Passée de charbon	0 32
	Schiste..	2 00
	Passée de charbon..............................	0 16

Figure 9. page 55

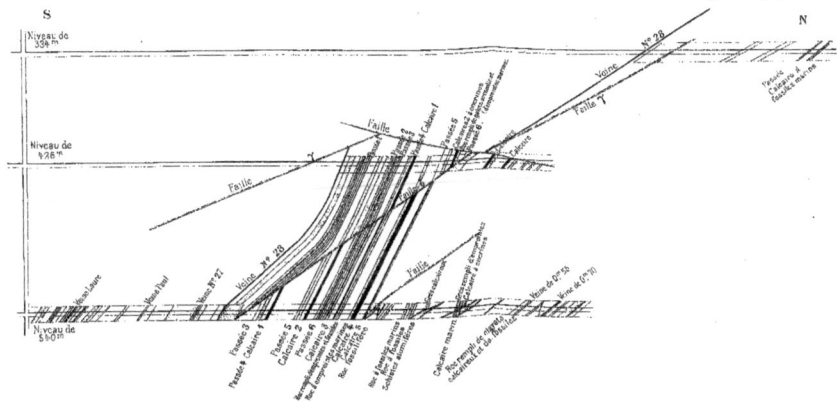

Fosse Nº 5. — Coupe passant par les bowettes 426 et 540ᵐ
dans la région des bancs calcaires de la fosse Nº 5 de l'Escarpelle

Echelle au 1/4000

Couriller & Cⁱᵉ, 49, rue de Chabrol, ges, Paris

Schiste.. $0^m 20$
Grès.. 7 50
Schiste... 1 20
Grès.. 0 40
Schiste, etc..

Cette bowette montre donc, de C^1 à C^{12}, une série de couches qui rappelle celles de Notre-Dame et de Bernicourt (fig. 7). Sur une épaisseur de 220 mètres, de la veine n° 28 à la grande faille (Pl. II, fig. 1), elle offre 12 lits différents à faune marine, plus ou moins distincts, séparés entre eux par des schistes stériles ou par des veinules charbonneuses reposant parfois sur leur mur à stigmarias, indices de conditions palustres et continentales, entre les périodes d'immersion qui ont entraîné les invasions marines et la formation des calcaires à faune pélagique. Les formations marines ont succédé brusquement à des formations d'eau douce, sans interposition entre elles de période de transition saumâtre, et parfois sans changement appréciable dans la nature des sédiments. Ainsi, nous possédons une plaque de schiste de cette bowette, provenant de (C^7), à structure feuilletée et de composition uniforme, qui présente sur une face des coquilles marines et sur l'autre un tapis de feuilles de cordaïtes.

Cette coupe nous révèle un autre fait intéressant dans la présence entre C^6 et C^5 de plantes comme *Nevropteris Schlehani*, réputées caractéristiques de veines inférieures A^1, A^2 du bassin houiller franco-belge.

La succession détaillée des lits marins avec les alternances de formations d'eau douce est difficile à suivre, d'une fosse à l'autre, et même entre deux bowettes superposées d'une même fosse. C'est ce que montre l'étude comparative des bowettes superposées 334, 426, 540 de cette fosse n° 5, dont les différences ont d'ailleurs été très habilement interprétées par M. Sainte-Claire-Deville dans la coupe ci-contre (fig. 9) montrant comment les bowettes supérieures n'ont rencontré que les bancs C^1, C^2 de la bowette inférieure. Au niveau de 334, C^1 est un calcaire gréseux à Productus, C^2 un schiste à clayats avec *Productus carbonarius, Nuculana acuta, Aviculopecten gentilis, Euphemus Urei, Ctenodonta lœvirostrum, Aviculopecten sp. concentricostriatus, Posidoniella minor* (Brown), *Edmondia senilis* (Phill.), *Encrines*.

Il est établi par la coupe de cette bowette: 1° qu'en dessous de la veine n° 28, il y a une stampe stérile de plus de 200 mètres, où l'alternance de conditions marines et terrestres témoigne de la succession de six invasions marines

successives; 2° que la faune marine est celle de la zone de Flines; 3° que la
flore qui lui est associée est la flore de la zone de Vicoigne à *N. Schlehani.*

Coupes de la Fosse n° 3 de l'Escarpelle.

A la fosse n° 3 de l'Escarpelle, M. Sainte-Claire-Deville a reconnu au mur
de la veine n° 28 divers lits de calcaires fossilifères dans les deux bowettes
des étages 245, 346. Il n'a pas été possible de les identifier lit par lit avec
ceux de la fosse n° 5. Leurs caractères lithologiques et paléontologiques sont
les mêmes, comme aussi leur position entre les veines 28 et le grand accident qui limite au Nord le faisceau de Dorignies.

Dans la bowette de l'étage 245 de nombreuses failles obscurcissent la
succession des bancs. Une dolomie grise a fourni les fossiles suivants :

Naticopsis consimilis, Kon.	*Orthothetes crenistria* Phill.
Productus carbonarius Kon.	*Parallelodon sp.*
Productus semireticulatus Mart.	*Zaphrentis sp.*
Spirifer octoplicatus Sow.	*Poteriocrinus sp.*
Orthis resupinata Mart.	

Un autre banc, au mur du précédent, est une lumachelle à Orthis, formée
de *Schizophoria resupinata,* et peut-être de *Rhipidomella Michelini* cimentées
dans un calcaire argileux.

À l'étage de 346 mètres les strates sont plus régulières, M. Sainte-Claire-
Deville a distingué les couches suivantes du toit au mur :

Schistes à grains fins . . . .
Calcaire fin. . . . . 0^m15

    Orthoceras aciculare, Bronn.
    Spirifer bisulcatus, Sow.
    Productus semireticulatus, Mart.
    Productus carbonarius, de Kon.
    Discina nitida, Dar.
    Athyris Royssii, Lev.
    Edmondia senilis, Phill.
    Parallelodon Geinitzi, de Kon.
    Aviculopecten gentilis, Sow.
    Fenestella.
    Encrines.

Calcaire à Encrines 0 15
Calcaire gris compacte 0 15

M. Sainte-Claire-Deville croit pouvoir les assimiler au C^2 de la bowette de la Fosse n° 5 (étage 540).

Les bancs calcaires des fosses n° 5 et n° 3 de l'Escarpelle correspondent à la fois par leur faune, par leur succession stratigraphique (fig. 7, p. 47) et par leur position tectonique à ceux des bowettes de Bernicourt et de Notre-Dame : ils en constituent la continuation évidente.

Coupe de la bowette de la fosse Saint-René, d'Aniche.

(Pl. III, fig. 6.)

Nous avons suivi dans les paragraphes précédents les niveaux marins de la zone de Flines, à l'Ouest de Notre-Dame, par Bernicourt et les fosses n° 5 et n° 3 de l'Escarpelle ; au delà de ce point, on les voit s'infléchir à l'Ouest suivant une courbe périsynclinale, et se retourner ensuite vers l'Est, au flanc méridional du bassin. Avant de les suivre sur cet autre bord, nous reviendrons sur nos pas et rechercherons leur prolongement en direction, à l'Est de Notre-Dame. Leur prolongement de ce côté a été longtemps méconnu. On ne pouvait cependant s'arrêter logiquement à cette idée, que les cinq invasions marines successives constatées à Notre-Dame eussent trouvé simultanément à l'Est de ce point leur limite orientale. Et cependant une longue bowette, ouverte en 1879, au Nord de la veine du Nord de la fosse Traisnel, d'Aniche, ne les avait pas reconnus. Pour élucider cette question, et dans ce but spécial, un nouveau recoupage fut décidé au Nord de la veine de Sessevalle, à l'étage 414 au levant de la fosse Saint-René d'Aniche.

Les veines de Sessevalle et veines sous-jacentes, Vuillemin, Modeste, Noelie, Cécile, présentent approximativement les mêmes caractères et les mêmes flores dans ce recoupage de Saint-René qu'à Notre-Dame. Le musée houiller de Lille possède les espèces suivantes du toit de Cécile, qui se range en raison de sa flore dans l'horizon A^2.

Alethopteris lonchitica, Schlt. (abondant).	*Nevropteris obliqua*, rare.
Alethopteris valida, Boulay.	*Nevropteris heterophylla*, Br.
Alethopteris decurrens, Artis (rare).	*Nevropteris gigantea*, Sternb., rare.
Lonchopteris Eschweileriana, Andrae.	*Sphenopteris Hœninghausi*, Brong.
Lonchopteris Bricei, très rare, signalée par	*Sphenopteris furcata*, Br.
M. Zeiller, n'a pas été retrouvée.	*Sphenopteris Delavali*, Zeill.
Nevropteris Schlehani, Stur. forme *lingua*,	*Mariopteris muricata*, Schlt.
rare.	*Mariopteris acuta*, Brong.

Pecopteris Miltoni, Artis.	*Lepidodendron aculeatum,* Sternb.
Astérophyllites equisetiformis, Schlt.	*Lepidodendron obovatum*, Sternb.
Calamites Suckowii, Br.	*Lepidophyllum lanceolatum*, L. et H.
Calamites ramosus, Artis.	*Sigillaria elegantula*, Weiss.

Au Nord de Cécile, on ne reconnaît plus à Saint-René les veines Sébastien, Hélène, Marcel, Olympe, qui se trouvent sous elle à Notre-Dame. Nous ne savons si ces veines sont représentées dans le recoupage de Saint-René par des passées, ou, ce qui est plus probable, si elles sont enlevées par des failles et dérangements assez nombreux dans cette traversée. Peut-être la veine de o m. 55 à MV = 15 p. 100, distinguée sur notre coupe, représente-t-elle Olympe, la plus septentrionale des veines de notre coupe de Notre-Dame ? Au Nord de cette veine de o m. 55, on a rencontré à 168 mètres dans le recoupage de Saint-René un banc de quartzite épais de 1 m. 50, qui peut représenter le poudingue **H^le**, car 33 mètres au Nord on trouvait un banc marin de o m. 30 identique à ceux de Notre-Dame, intercalé dans la série d'eau douce dont voici la coupe détaillée :

A. Calcaire bleu, dolomitique, en petits lits séparés par des veinules de schiste grossier, gréseux et comprenant des clayats. J'y ai reconnu les espèces suivantes :

Spirifer bisulcatus, Sow.	*Orthothetes crenistria*, Phill.
Spiriferina octoplicata, Sow.	*Athyris sp.*
Martinia glabra, Mart.	*Solenomya primæva*, Phill.
Orthis resupinata, Mart.	*Tiges d'encrines abondantes.*

Ce calcaire forme le toit d'une veine de charbon de o m. 55, terreuse dans sa portion inférieure et reposant sur un mur de grès.

À 72 mètres au Nord, on rencontre dans la série houillère d'eau douce un nouveau niveau marin, épais de o m. 60, divisé en deux lits.

B. Le lit supérieur est un schiste siliceux à clayats, riche en Céphalopodes et Lamellibranches :

Cælonautilus subsulcatus, Phill.	*Ambocœlia planoconvexa*, Shum.
Triboloceras formosum ? Foord.	*Discina nitida*, Dav.
Orthoceras striolatum, Sandb.	*Ctenodonta lævirostrum*, Port.
Orthoceras aciculare, Bronn.	*Nuculana Sharmani*, Ether.
Bellerophon navicula, Sow.	*Nucula oblonga*, Mac Coy.
Euphemus Urei, Flem.	*Nucula æqualis*, Sow.
Martinia glabra, Mart.	*Edmondia sp.*
Productus carbonarius, de Kon.	*Posidoniella minor*, Brown.
Chonetes Laguessiana, de Kon.	*Parallelodon semicostatum*, Mac Coy.

Sanguinolites v. scriptus, Hind.	*Schizodus axiniformis*, Phill.
Sanguinolites angulatus, de Kon.	*Nœggerathia* (feuilles
Ariculopecten cf. stellaris, Phill.	de Cordaïtes). ⎫ transportés.
Cypricardella concentrica, Hind.	*Rachis de fougères.* ⎭

. C. Le lit inférieur est un calcaire gréseux, comprenant un banc continu tapissé de *Taonurus*. J'y ai recueilli :

Productus carbonarius, de Kon.	*Chonetes Laguessiana*, de Kon.
Productus semireticulatus, Mart.	*Orthothetes crenistria*, Phil.
Athyris Royssii., Lev.	

Cette strate marine repose directement sur une veine de charbon de o m. 3o. Au delà, la bowette a traversé des schistes et grès houillers alternants; elle a été arrêtée à 46 mètres au Nord de la veine précitée, sans rencontrer de nouveaux fossiles.

Les deux zones marines A. B. rencontrées à Saint-René correspondent aux niveaux II. III. de Notre-Dame, A. D. de Bernicourt. Nous estimons que les autres niveaux calcaires de ces dernières fosses auraient été rencontrées à Saint-René, ainsi que la faille qui les limite au Nord, si on avait prolongé la bowette de ce côté. Mais ce travail a paru inutile, l'existence de la zone de Flines ayant été suffisamment reconnue à la place prévue.

Coupe de la bowette de la fosse Casimir-Perier d'Anzin.

(Pl. III, fig. 7.)

La Compagnie d'Anzin a ouvert au Nord de sa fosse Casimir-Perier, à l'étage 6oo mètres, une bowette qui a rencontré au Nord de la veine Denise et d'une passée représentant *Veine du Nord* d'Aniche [1] la zone de Flines, comme à Saint-René.

La bowette de Traisnel d'Aniche, comprise entre ces deux points, a dû par conséquent traverser la zone de Flines, sans la remarquer [2].

[1] Cette passée, assimilée à Veine du Nord d'Aniche, se trouve à 126 mètres de Denise.

[2] Nous estimons qu'on ne doit pas faire état de l'absence de la zone marine de Flines dans la vieille bowette ouverte au Nord de Traisnel, entre Saint-René et Casimir-Perier, attendu qu'elle doit y exister et qu'elle aura échappé à l'observation, à une époque où l'attention n'était pas appelée sur son importance. Cette bowette, difficilement abordable aujourd'hui, n'a cependant pas permis à M. Plane, qui s'y est aventuré, de reconnaitre la zone de Flines. Le plan qui en a été conservé n'indique pas le passage de bancs calcaires; on peut aussi les supposer enlevés par

8.

Au Nord de Denise (M V = 1 4 p. 100) alternance de schistes et grès, incl. Sud, comprenant diverses passées de charbon reportées à leur place sur la coupe (Pl. III, fig. 7). A 375 mètres de Denise, massif de cuerelle de 20 mètres d'épaisseur offrant au sommet un banc de quartzite très dur, représentant peut-être le grès d'Andenne **H**[1c]. A 450 mètres de Denise, suivant la bowette, on rencontre *un premier banc marin, de grès micacé, calcareux, à encrines*, épais de 5 mètres à peu de distance au toit d'une veine de charbon friable de 0 m. 45 à 1 m. 10 (M V = 11,68 p. 100. [*1er lit marin*]).

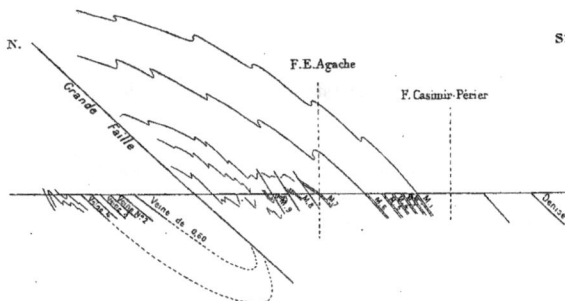

Fig. 10. — Coupe théorique de la fosse Edouard Agache.

Échelle 1/25.000.

LÉGENDE.

M[1] à M[9] Strates marines. — Les veines sont indiquées par leur nom ou leur numéro d'ordre.

A 490 mètres, *schistes argileux à fossiles marins*, épais de quelques mètres, au toit d'une passée charbonneuse de 0 m. 03. Les articles d'encrines sont alignés dans ces schistes. en amas lenticulaires, les *Productus carbonarius* y gisent en lits, avec leurs valves en place dans la station normale, leurs épines adhérentes, nombreuses, pénétrant la roche en tous sens. J'ai pu déterminer un assez grand nombre d'espèces qui m'ont été remises par

failles. Le plan, en effet, montre au Nord de la Veine du Nord, la plus septentrionale du faisceau, une masse de schistes et cuerelles, avec passées de houille peu plissées, à inclinaison moyenne S. = 35° sur une longueur de 600 mètres; sur les 300 mètres suivants, les mêmes couches paraissent plus plissées, jusqu'à une grande faille, au delà de laquelle l'allure des couches est changée; les grès sont plus rares, les schistes avec passées sont très plissés: on est arrivé dans un autre faisceau houiller.

M. Gourdin, ingénieur divisionnaire d'Anzin, et M. Faisandier, ingénieur de la fosse (*2e lit marin*).

Orthoceras aciculare, Bronn.	*Nucula æqualis*, Sow.
Orthoceras sulcatum, Flem.	*Nucula Sharmani*, Ether.
Cælonautilus subsulcatus, Phill.	*Ctenodonta lævirostrum*, Port.
Euphemus Urei, Flem.	*Cypricardella Hindi*, Bolton.
Naticopsis vetustus, Sow.	*Sanguinolites angulatus*, de Kon.
Edmondia senilis, Phill.	*Posidonomya membranacea*, Mac Coy.
Edmondia sulcata, Phill.	*Aviculopecten gentilis*, Sow.
Edmondia minuta.	*Productus carbonarius*, de Kon.
Scaldia minuta, Hind.	*Productus longispinus*, Sow.
Parallelodon Geinitzi, de Kon.	*Productus semireticulatus*, Mart.
Parallelodon semicostatum, Mac Coy.	*Marginifera marginalis*, de Kon.

A 550 mètres *nouveau banc de schiste, fin, à rayure grisâtre et fossiles marins* qui ne m'ont pas été communiqués (*3e lit marin*). A 570 mètres (*4e lit marin*), *schiste zoné, à bancs gréso-calcareux fins, psammitiques*, très plissés, avec traces de glissement, où les ingénieurs de la mine ont reconnu des traces d'encrines. A 640 mètres, schistes fins, gris noir, à rayure grise, renfermant la même faune que le n° 2, à 490 mètres (*5e lit marin*).

Cælonautilus subsulcatus, Phill.	*Nucula æqualis*, Sow.
Orthoceras.	*Ctenodonta lævirostrum*, Port.
Euphemus Urei, Flem.	*Sedgwickia attenuata*, Mac Coy.
Parallelodon semicostatum, Mac Coy.	*Productus longispinus*, Sow.
Parallelodon Geinitzi, de Kon.	*Encrines*.

C'est probablement de ce lit que proviennent les espèces suivantes, trouvées dans la bowette, et qui m'ont été remises sans indications précises :

Solenomya primæva, Phill.	*Allorisma sulcata*, Flem.
Nuculana acuta, Sow.	

A 675 mètres *schistes grossiers à fossiles pyritisés*, en lits alternants avec schistes gris noir plus fins et grès calcaro-schisteux à encrines (*6e lit marin*). Il se trouve au toit d'une passée à MV= 9.70 p. 100. Les lits schisteux m'ont fourni :

Edmondia senilis, Phill.	*Posidoniella sp.*
Ctenodonta lævirostum, Port.	*Productus carbonarius*, de Kon.
Aviculopecten gentilis, Sow.	*Encrines*.

Les bancs gréso-calcareux m'ont donné :

Productus longispinus, Sow.	*Martinia glabra*, Mart.
Orthothetes crenistria, Phill.	*Lingula mytiloides*, Sow.
Schizophoria resupinata, Mart.	

Les 6 zones marines de la bowette de Casimir-Perier correspondent aux zones supérieures (I à VI) de Notre-Dame. La coupe de la Fosse E. Agache va nous permettre de reconnaître les niveaux marins inférieurs (VII à IX) de Notre-Dame.

Coupe de la fosse
et de la bowette de la fosse Edouard Agache, d'Anzin.

(Pl. III, fig. 7.)

La fosse Édouard Agache, en cours de creusement, a rencontré le terrain houiller à 114 mètres de profondeur, sous le terrain crétacé ; elle a traversé ensuite des couches plissées, à inclinaison dominante S = 20°, dont voici la succession :

Schistes et grès houillers alternants..................... 120^{m}00

Calcaire à Encrines et Brachiopodes.....................

> *Martinia glabra*, Mart.
> *Marginifera marginalis*, de Kon.
> *Productus cora*, d'Orb.
> *Productus carbonarius*, de Kon.
> *Chonetes Laguessiana*, de Kon.
> *Turbo Manni*, Brown.
> *Stictopora interporosa*.

Schiste à Lamellibranches et Goniatites, atteignant avec le précédent................................ 7 à   14 00

Schistes et grès avec plantes couchées (Calamites, Fougères) et lit à Stigmarias.................................   35 00

Grès, schistes et calcaires............................   13 00

> *Schizophoria resupinata*, Mart.
> *Athyris Royssii*, Lev.
> *Aviculopecten cf. stellaris*, Phill.
> *Chonetes Laguessiana*, de Kon.
> *Spirifera octoplicata*, Sow.

Passée de charbon (MV = 10.94 o/o)..................   0 25

Schistes à végétaux, avec banc de grès.................   45 00

Schistes à clayats calcaires à Goniatites.................... 3ᵐ00

> *Glyphioceras crenata*, Haug.
> *Glyphioceras tenuistriatum*, Haug.
> *Dimorphoceras atratam*, Gold.
> *Loxonema Oweni*, Brown.
> *Sedgwickia attenuata*, Mac Coy.
> *Aviculopecten gentilis*, Sow.

Passée de charbon................................ o 15
Schistes et grès................................... 9 00
Passée de charbon (MV = 10.88 p. 100).......... oᵐ15 à 1 85
Schistes et grès à la profondeur de 3go mètres.

Ces bancs marins me paraissent représenter les bancs VI, VII, VIII de la bowette de Notre-Dame, bien qu'on ne puisse les paralléliser terme à terme, pas plus qu'avec les bancs de la bowette Casimir-Perier. Ces couches se reconnaissent encore dans la bowette ouverte à l'étage 380 au Nord de cette fosse E. Agache sur une longueur de 350 mètres. On y observe en effet, à 20 et à 30 mètres de la fosse, de petites passées de charbon, avec murs; de 5o à 6o mètres est un amas de charbon impur, correspondant à un premier noyau anticlinal. A 9o mètres du puits, banc de schiste à clayats calcaires (VIII) avec

Glyphioceras sp.	*Pterinopecten* sp.
Loxonema sp.	*Athyris ambigua*, Sow.
Schizodus sp.	*Dielasma* sp.
Aviculopecten gentilis, Sow.	*Chonetes Laguessiana*, Kon.

A 11o mètres de la fosse on a rencontré un banc calcaire à encrines. A 14o mètres et 16o mètres reparaissent les passées déjà traversées à 2o et 3o mètres; à 18o mètres réapparition suivant un second axe anticlinal de l'amas de charbon reconnu à 5o mètres. Les schistes nous ont fourni *Pecopteris aspera*. A 2o8 mètres, banc de calcaires à encrines; à 2 25 mètres, dolomie; à 23o mètres, schistes calcareux à *Orthis resupinata*, avec clayats à *Glyphioceras diadema*, *Productus carbonarius* (VIII).

A 25o mètres, calcaire argileux à encrines et lumachelle à *Orthis, Schizophoria resupinata, Streptorhynchus crenistria, Productus carbonarius* (IX).

A 27o mètres, traversée d'une troisième ligne anticlinale, montrant un banc de calcaire dolomitique, sombre, à veines de calcite, au toit d'une passée de charbon de o m. 15 (MV = 11,46 p. 100).

De 290 à 300 mètres traversée d'une quatrième ligne anticlinale, montrant encore sur son flanc Sud la superposition des schistes calcareux à clayats avec *Glyphioceras*, *Athyris ambigua* (VIII) et des lumachelles à *Orthis resupinata*, *Michelini*, *Streptorhynchus crenistria*, *Athyris Royssii* (IX), qui m'ont fourni, à 292 mètres, un grand Nautilus, le *Temnocheilas tuberculatus*, Sow.

A 315 mètres, passée de charbon; à 323 mètres dernier lit de calcaire schisteux d'origine marine. On reste longtemps, au Nord, sur des schistes avec grès et passées minces, plissés, montrant la succession de sept plis anticlinaux, jusqu'à l'importante faille rencontrée à 585 mètres. Au Nord de ce point, on passe sur un faisceau houiller différent de schistes et cuerelles plus riches en plantes, avec passées plus épaisses et veines de charbon.

A 620 mètres, un toit est rempli d'*Anthracomyas* inconnues dans la zone de Flines, et on rencontre peu après les veines de la zone A^2; à 790 mètres, veine de 0 m. 60 (MV = 10.36 p. 100) comparable à Ernest de la fosse de Sessevalle; à 860 mètres, une autre veine rappelle celle de l'accrochage; à 910 mètres, la veine n° 2 (MV = 10.13 p. 100) = Anatole; à 975 mètres, la veine n° 3 (MV = 9.84 p. 100) = Henri; à 1,050 mètres, la veine n° 4 (MV = 9.36 p. 100) avec son mur de quarzite = Réserve, de la fosse de Sessevalle; au delà, jusqu'à 1340 mètres, schistes et cuerelles plissés comme à de Sessevalle.

Les lumachelles à Orthis (IX de Notre-Dame), les schistes à clayats à Glyphioceras (VIII de Notre-Dame), sont particulièrement développés à E. Agache; les schistes à lamellibranches (V de Notre-Dame) se retrouvent dans les parties synclinales, car le faisceau des *couches de Flines* dans cette bowette décrit 4 plis successifs sur une longueur de 300 mètres. Au Nord d'E. Agache, le bassin acquiert la structure plissée, à petits plis parallèles qu'il conserve jusque dans le faisceau des veines de la fosse de Sessevalle. Ces couches marines de Flines réapparaissent encore au Nord du bassin, au mur du faisceau des veines exploitées à la fosse de Sessevalle, où ils sont représentés par des schistes à *Discina nitida* dans la bowette Nord, à 1358 mètres de cette fosse.

Fosse Lambrecht d'Anzin. — Nous avons reconnu dans cette fosse la présence de la zone de Flines à l'étage 360 mètres, à 150 mètres comptés verticalement sous la veine Denise. On trouve à cet étage, près l'accrochage, le quarzite dur grenu d'Andenne (H^{1c}), puis en dessous divers bancs de schistes calcareux avec la faune de Flines : *Lingula mytiloïdes*, *Spirifer trigonalis*, *Spirifer octoplicata*, *Productus carbonarius*, *Bellerophon navicula*, *Ctenodonta lævi-*

rostrum, *Aviculopecten gentilis*, encrines. Elle s'étend jusqu'à la faille Reumaux, à 395 mètres du puits, faille sous laquelle les veines rencontrées, première du Nord, **L**, Charles appartiennent à l'étage **B**[1] de M. Zeiller, plus élevé dans la série.

FOSSE D'HAVELUY D'ANZIN. — Nous avons fait une constatation analogue dans cette fosse, où nous avons reconnu la présence des strates marines de Flines à l'étage 454 mètres, à des distances de 314 mètres et de 389 mètres des puits; au mur de ces bancs marins passe la faille Reumeaux inclinée à 65° et sous elle on retrouve encore les veines, première du Nord, deuxième du Nord, Charles du faisceau **B**, géologiquement plus récent que celui de Flines.

CONCLUSIONS TIRÉES DE CES COUPES. — La coupe de Casimir-Perier à E. Agache montre en résumé la succession d'au moins 9 bancs marins séparés par au moins 5 passées charbonneuses à plantes terrestres; on observe donc en cette région la succession de périodes continentales et marines alternantes de la zone de *Flines* et avec des épaisseurs comparables; les couches terrestres et marines y sont caractérisées respectivement par les mêmes flores et par les mêmes faunes, la flore à *Pecopteris aspera* (**A**[1]) et la faune à *Pr. carbonarius* (**A**[1]). Ce même faisceau de couches houillères à intercalations marines multiples, minces, à faciès variés, se suit sans interruption et suivant une direction constante, du centre de la concession de l'Escarpelle au centre de la concession d'Anzin, à travers toute la concession d'Aniche.

L'identification de ce faisceau marin central qui s'étend de l'Escarpelle à Haveluy, avec le faisceau marin septentrional de Flines, nous paraît indiquée pour les raisons suivantes:

1° Les faunes, avec leurs divers faciès de calcaires à encrines et à brachiopodes, de nodules à goniatites, de schistes fins à lamellibranches paléoconques, sont identiques de part et d'autre dans les deux faisceaux.

2° Les flores des deux faisceaux, bien que pauvres, sont les mêmes et doivent être rapportées à la flore **A**[1] à *Pecopteris aspera*, *Nevropteris Schlehani*.

3° Les caractères lithologiques des deux faisceaux sont les mêmes; ils diffèrent de ceux des niveaux marins supérieurs.

4° Les caractères tirés de la flore et ceux tirés de la faune sont donc d'accord pour établir la position inférieure de cette zone dans la série. Il s'en suit logiquement que la situation au centre du bassin, de l'Escarpelle à Haveluy, de ce niveau inférieur, doit être attribuée à un *accident tectonique anticlinal.*

5° L'analogie des séries stratigraphiques dans les deux faisceaux ajoute aussi un certain poids aux arguments tirés de l'identité des faunes et des flores. On observe en effet, de part et d'autre, dans une épaisseur de sédiments de 200 à 300 mètres, la succession d'au moins 5 invasions marines successives, séparées par des périodes d'émersion, caractérisées par la présence d'anciens sols de végétation (murs) et l'accumulation de matières charbonneuses (veines ou passées).

Ainsi, la zone de Flines n'est pas seulement distincte de celle de Poissonnière et autres, que nous décrirons plus loin, par la présence de quelques espèces animales et végétales particulières, mais encore par l'évidence de 5 invasions marines successives rapprochées, alors que les autres zones marines correspondent à une invasion marine unique.

Pour nous, la concordance apparente de toutes les couches houillères, régulièrement superposées du Nord au Sud, montrant dans ce bassin la superposition, sur le faisceau de Flines, du faisceau des charbons maigres d'E. Agache, puis du faisceau marin de Casimir-Perier et du faisceau des demigras exploités dans cette fosse, ne correspond pas à la réalité de la succession de ces blocs dans le temps. La régularité de cette succession n'est qu'apparente, bien qu'elle s'accorde si exactement avec l'accroissement dans le même sens des teneurs en matières volatiles; elle est trompeuse, puisque contredite par la paléontologie, par la faune comme par la flore, et qu'elle suppose en outre l'invraisemblable répétition, à deux périodes houillères distinctes, des cinq invasions marines et émersions successives, avec sols de végétation, que révèlent l'histoire et la genèse de la zone de Flines; on doit l'interpréter par un accident tectonique.

§ III. COUPES AU SUD DU BASSIN.

Dans le faisceau de Dorignies, les couches de la zone de Flines, étudiées dans les fosses n° 5 et n° 3 de l'Escarpelle, décrivent une courbe périsynclinale ; elles ne se continuent pas à l'Ouest vers Auby, mais reviennent vers l'Est, passent au Midi de la fosse n° 4 de l'Escarpelle, rentrent dans la concession d'Aniche, passent au Sud de la fosse de Dechy et se poursuivent dans la concession d'Azincourt.

La série des bandes calcaires d'origine marine, alignées, interstratifiées parmi les couches houillères, qui d'après leurs caractères et leur faune représentent la réapparition des précédentes sur le bord opposé d'un même pli synclinal, n'ont malheureusement pas été l'objet de relevés aussi précis que dans la région de Notre-Dame, et nous ne pourrons pour ce motif en donner une comparaison détaillée. Cependant les recherches courageuses et très attentives de M. Grimaud, dans d'anciens travaux d'Azincourt, ont apporté une nouvelle lumière sur la composition de cette zone au Midi du bassin.

Le relèvement des bancs de la zone de Flines au midi du bassin s'accorde bien d'ailleurs avec le résultat des études paléophytologiques de MM. l'abbé Carpentier et Paul Bertrand. La flore en effet de l'horizon A^2 a été reconnue d'une façon continue parmi les veines méridionales du bassin par M. l'abbé Carpentier [1] (Denain à Douchy), ainsi que vers Onnaing (de Cuvinot à Thiers). La présence de ce même horizon de Vicoigne A^2 au Midi du cran de retour et au Nord du faisceau demi-gras d'Aniche a été indiquée par M. Paul Bertrand [2], qui a reconnu ce même niveau dans le faisceau des veines n° 24 à n° 28 de l'Escarpelle. J'ai déjà fait connaître [3] quelle conclusion me paraissait se dégager de ces observations, et comment la réapparition de zones inférieures suivant les deux directions parallèles de Saint-Marc et de Saint-Saulve permettait de croire à l'existence, dans cette partie du bassin,

[1] CARPENTIER, *Ann. Soc. géol. du Nord*, T. XXXVI et XXXVII.
[2] P. BERTRAND, *Ann. Soc. géol. du Nord*, T. XXXVI et XXXVII.
[3] Ch. BARROIS, *Ann. Soc. géol. du Nord*, T. XXXVIII, p 325.

de deux plis parallèles : pli du Centre et pli du Nord. Cette conclusion toutefois ne saurait avoir, en l'état de nos connaissances, qu'une valeur purement hypothétique ; les coupes suivantes montreront combien nous sommes moins bien documentés sur les faisceaux calcaires du Midi que sur ceux que nous venons de décrire au centre du bassin, de Dorignies à Casimir-Périer. Ce n'est que pour ces derniers que nous pensons être arrivé à une solution définitive.

Coupe de la fosse n° 4 de l'Escarpelle.

A la fosse n° 4 de l'Escarpelle, M. Sainte-Claire-Deville a retrouvé la zone des alternances calcaires de Flines, dans le paquet de terrains renversés qui s'étend au mur de la Veine-Bleue (Veine n° 28 renversée), sur le bord méridional du synclinal de Dorignies. Le mauvais état de la bowette à l'étage 426 n'a pas permis de faire l'étude comparée des diverses bancs calcaires.

Dans cette bowette, comme dans les précédentes, M. Sainte-Claire-Deville a remarqué que les bancs marins reposaient d'une façon à peu près générale sur des schistes à végétaux ressemblant à des murs de veines ; ils débutent habituellement par des schistes gréseux avec Productus, peu épais, à stratifications entrecroisées, surmontés à leur tour par du calcaire, et se terminant toujours par des schistes argileux très fins à coquilles marines. Il a rencontré, du toit au mur, les couches suivantes, où j'ai pu reconnaître divers fossiles énumérés ci-dessous :

Schiste fin, fossilifère. . . . . $0^m 15$

> *Euphemus Urei*, Flem.
> *Productus semireticulatus*, Mart.
> *Productus carbonarius*, à grandes épines, de Kon.
> *Orthothetes crenistria*, Phill.
> *Pterinopecten carbonarius*, Hind.
> *Parallelodon Geinitzi*, de Kon.

Calcaire gréseux avec clayats. 0 20

> *Schizophoria resupinata*, Mart.
> *Spirifer bisulcatus*, Sow.

Grès sableux 0 10
Schiste argileux à empreintes végétales 0 15

Coupe de la bowette Sud de Dechy.

Ce n'est qu'à 5 kilomètres à l'Est de la fosse précédente que nous retrouvons dans les travaux de mines la zone des bancs calcaires de Flines. La Compagnie d'Aniche exploite au Midi de sa fosse de Dechy un faisceau de charbons atteignant MV 28 p. 100; la bowette ouverte dans ces couches à l'étage de 311 mètres a traversé une grande épaisseur de schistes et grès avec charbon et est arrivé à 1340 mètres du puits dans une série de schistes à clayats avec bancs calcaires, épaisse de 53 mètres. La faune de cette série permet de l'assimiler à celle des calcaires précédemment décrits dans ce mémoire. Ils ont été rencontrés également aux étages 311 mètres, 345 mètres, 395 mètres. La bowette de 311 mètres donne la coupe suivante, dans la région marine à bancs calcaires, immédiatement au Sud des schistes et cuerelles avec veines de houille :

Schiste. . . . . 0^m90
Calcaire bleu à crinoïdes 0 15
Schiste compact à veines calcareuses. 1 25
Schiste avec empreintes de coquilles et débris végétaux. 0 40

> *Gastrioceras* sp.
> *Aviculopecten gentilis*, Sow.
> *Lingula mytiloïdes*, Sow.
> *Calamites* sp.

Schiste avec clayats calcaro-silico-ferrugineux, reposant sur un lit gréseux grossier à grains de séladonite verte et petits galets roulés de charbon 0 20

> *Glyphioceras* sp.
> *Productus carbonarius*, de Kon.
> *Spirifer bisulcatus*, Sow.
> *Martinia glabra*, Mart.
> *Bryozoaires*.
> *Crinoïdes*.

La présence à la base de ce banc de débris de charbon reconnaissables, de grains de quartz, de débris de clayats et de bryozoaires, est l'indice de remaniements importants et d'une houillification déjà faite lors de cette transgression marine. Quant aux glomérules de séladonite, en très petites écailles groupées.

ils paraissent formés *in situ*, soit par épigénie de minéraux micacés clastiques, soit par transformation de grains de glauconie dont il est difficile de les distinguer :

Calcaire à crinoïdes	0^{m}40
Calcaire lumachelle à Orthis..........................	0 15

> *Rhipidomella Michelinii*, Lév.
> *Schizophoria resupinata*, Mart.
> *Spirifer octoplicatus*, Sow.
> *Martinia glabra*, Mart.
> *Productus carbonarius*, de Kon.
> *Orthothetes crenistria*, Phill.
> *Bryozoaires.*
> *Encrines.*

Calcaire à veinules de calcite blanche.....................	0 40
Bancs minces de calcaires et de schistes	0 30
Schiste calcareux	0 50
Schiste...	5 50
Schiste à clayats calcaires.............................	1 00
Grès	2 00
Schiste, avec failles.................................	3 00
Grès...	1 00
Schiste rempli de nodules calcaires.....................	6 00
Calcaire gréseux.....................................	1 50
Schiste...	1 50
Calcaire gréseux	1 00
Schiste à clayats calcaires.............................	1 00
Grès calcareux	0 50
Schiste...	3 00
Grès calcareux	1 00
Schiste...	1 00

Bowette Saint-Roch d'Azincourt.

A 7 kilomètres de la fosse de Dechy, on traverse à nouveau les bancs calcaires de Flines, dans les bowettes Sud de la fosse Saint-Roch d'Azincourt. Je dois à l'obligeance de M. Thorez, ancien directeur de cette Compagnie, d'avoir pu étudier et déterminer les échantillons de Julienne, et à l'habileté de M. Grimaud, géomètre en chef d'Aniche, d'avoir retrouvé tous les autres niveaux, qui avaient échappé lors du creusement des bowettes 395 et 620.

La Compagnie exploite au Nord de sa fosse Saint-Roch un riche faisceau de veines, épaisses de 0 m. 50 à 0 m. 80 avec MV 25 à 28 p. 100; elles sont renversées.

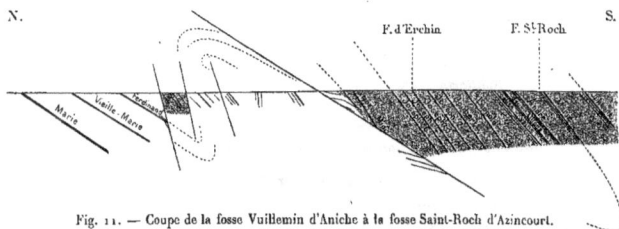

Fig. 11. — Coupe de la fosse Vuillemin d'Aniche à la fosse Saint-Roch d'Azincourt.

Les parties grisées correspondent aux couches renversées.

La succession des couches dans ce faisceau d'Azincourt, donnée du N. au S., des plus récentes vers les plus anciennes, renversées sur les précédentes, est la suivante :

Veine Joseph 6.................................... 0^m 5o
Schiste et grès.................................... 9 00

Alethopteris lonchitica, Schlt.	Asterophyllites grandis, Sternb.
Hymenophyllites herbacea, Boulay.	Lepidodendron obovatum, Sternb.
Sphenopteris sp.	Lepidostrobus variabilis, L. et H.
Pecopteris Miltoni, Artis.	Sigillaria elegantula, Weiss.
Nevropteris obliqua, Brg.	Sigillaria transversalis, Brg.
Sphenophyllum cuneifolium, Sternb.	Sigillaria rugosa, Brg.
Calamites ramosus, Artis.	Sigillariastrobus sp.

Veine Joseph 5.................................... 0 5o
Schistes et grès.................................... 14 00
Veine Joseph 4.................................... 0 5o
Schistes et grès.................................... 12^m 00
Veine Joseph 3.................................... 0 5o
Schistes et grès, comprenant 3 passées................. 45 00
Veine Joseph 2............................... 0^m 65 à 0 8o
Schistes et grès comprenant 1 passée................... 17 00
Veine Béthune, à deux sillons...................... 0^m 20 à 0 6o

Schistes et grès....................................		8 00
Veine Salmon............................	0^m10 à	0 35

1. Schistes et grès comprenant une passée, et montrant à leur partie inférieure un *lit marin* mince avec................. 34 00

       Productus scabriculus, Sow[1].
       Pleuroplax Attheyi, Bark.

Veine Joubert.....................................	0 25
Schistes et grès comprenant 5 passées...................	13 00

       Sphenopteris sp.
       Sigillaria ovata.

Veine Joseph 1............................	0^m50 à	0 70
Schistes et grès comprenant 3 passées...................		22 00

       Pecopteris dentata (fructifications).
       Asterophyllites longifolius.
       Sphenopteris (*Zygopteris* sp.).

Veine Léopold............................	0^m20 à	0 45
Schistes et grès....................................		15 00
Veine Galicier.....................................		0 25
Schistes et grès comprenant une passée..................		25 00

       Sphenopteris obtusiloba, Br.
       Calamites

Veine Eugène............................	0^m20 à	0 50
Schistes et grès....................................		14 00
Passée..		0 10
Schistes et grès....................................		4 00
Veine-à-forges, irrégulière......................		0 40
Schistes et grès, débris de plantes, spores de fougères, au toit de		17 00
Veine pyriteuse, irrégulière....................	0^m20 à	0 45
Schistes et grès....................................		18 00
Passée..		0 08
Schistes et grès....................................		3 00
Noireux...		0 10

[1] Le *Productus scabriculus* trouvé au toit de la veine Joubert, et qui constitue à nos yeux l'espèce caractéristique de la zone de Poissonnière, est une forme spéciale distincte du *Productus scabriculus* cité à diverses reprises dans la zone de Flines. Cette variété, qui mériterait un nom nouveau, est identique à la variété de *scabriculus* qui a été figurée par Salter (*Mem. geol. Survey*); elle est très voisine du *Productus nebrascensis* (Owen).

1. Schistes et grès, montrant, à leur partie inférieure, un schiste brunâtre, pyriteux, micacé, grossier, avec débris de fusain. Écailles de poissons. 6ᵐ 00

    Orthoceras aciculare, Broun.

    Parallelodon sp.

    Lingula mytiloïdes, Sow.

    Productus semireticulatus, Mart.

    Productus carbonarius, de Kon.

    Spirifer bisulcatus, Sow.,

    Martinia glabra, Mart.

    Encrines.

  Petite veine............................. 0ᵐ 15 à   0 30

2. Schistes et grès, montrant à leur base un *lit marin* de schiste ampélitique brun noirâtre, avec écailles de poissons, *Discina nitida*, Dav. (étage 620).............................   3 00

  Noireux..

3. Schistes et grès, montrant à leur base un *lit marin* de schiste micacé pyriteux (étage 395), *Lingula mytiloïdes*, Sow....... 10 00

  Passée...   0 08

  Schistes et grès...................................   4 00

  Noireux...

  Schistes et grès...................................   6 00

  Noireux...   0 10

  Schistes et grès...................................   2 00

  Veine 2 sillons, irrégulière.................... 0ᵐ 10 à   0 45

  Schistes et grès...................................   3 00

  Noireux...   0 10

  Schistes et grès...................................   6 00

  Noireux...   0 15

  Schistes et grès...................................   6 00

  Passée...   0 10

4. Schiste et grès, montrant à leur partie inférieure un *lit de schiste marin* avec écailles de poissons, *Lingula mytiloïdes*, Sow., *Orthothetes crenistria*, Phill., et nombreux fragments de fusain, remaniés. 13 00

  Veine André, irrégulière..................... 0ᵐ 20 à   0 66

  Schistes et grès...................................   2 00

  Passée...   0 10

  Schistes et grès................................... 17 00

  Noireux...   0 30

  Schistes et grès...................................   3 00

  Passée avec noireux..............................   0 25

5. Schistes et grès, montrant à leur partie inférieure un *lit de schiste marin* avec clayats calcaires et...................... 16ᵐ 00

Orthoceras aciculare, Bronn.	*Edmondia* sp.,
Cœlonautilus subsulcatus Phill.	*Scaldia minuta*, Hind.
Temnocheilus carbonarius, Foord.	*Cypricardella Hindi*, Bolt.
Euphemus Urei, Flem.	*Parallelodon semicostatum*, Mac
Solenomorpha parallella, Hind.	Coy.
Aviculopecten gentilis, Sow.	*Martinia glabra*, Mart.
Pseudamusium fibrillosum Salt.	*Productus carbonarius*, Kon.
Nuculana Sharmani, Ether.	*Chonetes Laguessiana*, Kon.
Nuculana acuta, Sow.	*Lingula mytiloïdes*, Sow.
Nacula oblonga, Mac Coy.	*Discina nitida*, Dav.
Ctenodonta lævirostrum, Port.	*Encrines.*

6. Schistes et grès montrant à leur base un lit de schiste marin
   avec... 15 00

Glyphioceras sp.	*Productus cora*, d'Orb.
Bellerophon navicula, Sow.	*Chonetes Laguessiana*, Kon.
Aviculopecten gentilis, Sow.	*Orthothetes crenistria*, Phill.
Ctenodonta lævirostrum, Port.	*Schizophoria resupinata*, Mart.
Cypricardella sp.	*Lingula mytiloïdes*, Sow.
Martinia glabra, Mart.	*Discida nitida*, Dav.
Spirifer bisulcatus, Sow.	*Encrines.*
Spirifer octoplicatus, Sow.	*Zaphrentis* sp.
Marginifera marginalis, Kon.	*Polypora* sp.
Productus carbonarius, Kon.	*Stictopora* sp.

Schistes et grès................................. 25ᵐ 00
Veine Marie renversée, irrégulière (MV = 23 p. 100) épaisseur.
   variable.............................. 0ᵐ 15 à   0 45
Schistes et grès houillers.......................... 125 00
7. Schiste calcareux noir..................... 0ᵐ 30 à   0 40

   Productus carbonarius, de Kon.

Schistes noirs calcareux .... ⎫
8. Schistes calcareux .... ⎬ 10 00
                                                   ⎭

   Productus carbonarius, de Kon.
   Schizophoria resupinata, Mart.
   Orthothetes crenistria, Phill.

Schistes et grès................................. 10 00
Passée de charbon 0 20
Schistes et grès................................. 12 00

Veine Julienne (Renversée), irrégulière, sulfureuse, avec ren-
flements, variant de 3 à 4 mètres d'épaisseur, MV= 18 à
20 p. 100............................. 0^m 70 à 0^m 80
Schistes et grès, en couches peu régulières, disloquées, avec
2 petites veinules de houille...................... 250 00

Le terris de Saint-Roch nous a fourni un certain nombre d'espèces végétales de la zone inférieure A[1] : *Pecopteris aspera, Pecopteris Miltoni, Corynepteris
Sternbergi, Lepidodendron lycopodioides,* établissant ainsi l'accord des conclusions
basées sur les déterminations zoologiques et botaniques. Sur ce même terris,
nous avons également trouvé des blocs de grès grossier, à gros grains de
quartz, de phtanite, de sidérose, considéré en Belgique comme caractéristique
de l'étage du *poudingue d'Andenne* (H[1c].)

Nous classerons, comme il suit, les couches de cette bowette d'Azincourt :

    Zone de Lens (B[1])... sept veines, de Joseph 6 à Joubert..... 139^m 00
    Zone de Joubert à *Productus scabriculus.*
    Zone de Vicoigne (A[2]). quatre veines, de Joubert à Veine-à-
    forges...   93 00
    Zone de Flines (A[1])... douze veines ou passées et huit bancs
    marins, en dessous de Veine-à-forges.................   332 00

La coupe de cette bowette apprend qu'au midi du bassin du Nord, à Azincourt, il y a, sous le faisceau de la Veine Joseph I à Veine Pyriteuse (zone de
Vicoigne), environ 300 m. de schistes et grès houillers renversés, à pendage
uniforme S.—45°, comprenant 12 passées ou veines charbonneuses, appartenant à une formation continentale dont la continuité a été interrompue par
8 inondations marines, représentées par des dépôts minces de 1 à 10 mètres
de schistes pyriteux ou calcareux, riches en coquilles marines. Cette série
d'Azincourt à intercalations marines doit être rapportée à la zone de Flines
pour de nombreuses raisons géologiques : 1° Présence de part et d'autre de
lits marins fournissant les mêmes fossiles, 2° Identité de certains de ces lits,
reconnaissables terme à terme (Petite Veine = III ou IV; Deux-Sillons = V et
VI; André = VII; Marie supérieure = VIII; Julienne = IX de Notre-Dame);
3° Alternances répétées cinq à huit fois de conditions terrestres et marines;
4° Absence de part et d'autre dans ces séries de couches à coquilles d'eau
douce; 5° Épaisseurs équivalentes, allant de 200 à 300 mètres pour l'ensemble,
avec épaisseur maxima au midi.

Fosse Sainte-Catherine d'Aniche. — Le terris de l'ancienne fosse de ce nom nous a fourni des blocs de calcaire à crinoïdes, et des blocs de calcaire sidéritifère, identiques à ceux de la zone de Flines, de la bowette de Notre-Dame. Cependant il y a lieu de penser que les travaux de cette fosse ont rencontré des niveaux plus anciens, à en juger par un bloc de calcaire bleu à phtanites avec *Phillipsia globiceps*, Phill., *Martinia glabra*, Mart., *Chonetes elegans* d'Orb., ramassé sur le terris, et d'âge Dinantien.

Fosse d'Aoust d'Aniche. — Il en est de même pour la vieille fosse d'Aoust; des blocs de calcaire bleu, d'aspect Dinantien, ramassés sur le terris, nous ont fourni : *Spirifer striatus*, Mart., *Chonetes elegans*, d'Orb., *Martinia glabra*, Mart., *Encrines*.

Fosse Sainte-Marie d'Azincourt. — Au Sud de la fosse Sainte-Marie, on rencontre à l'étage 176 mètres des grès épais de 20 mètres, puis 20 mètres de schistes alternant avec grès, puis un lit de calcaire marin avec *Orthis* épais de 0 m. 40. Il est recouvert par une passée renversée de charbon, épaisse de 0 m. 20; on trouve ensuite au mur de cette veine un lit de schiste coquiller. On passe au delà sur des schistes et grès houillers à végétaux, épais de 30 mètres, et on arrive sur la veine Louise, épaisse de 0 m. 70, suivie au Sud d'une masse de schistes et grès à empreintes végétales et passées, épaisse de 200 mètres.

Fosse Saint-Auguste d'Azincourt. — A 5 kilomètres à l'Est de la fosse Saint-Roch, et sur le prolongement des mêmes couches, la Compagnie d'Azincourt a encore rencontré les bancs calcaires marins interstratifiés, au toit renversé de la veine Auguste (= Louise) [1]. Je dois des échantillons de ces calcaires à M. l'abbé Carpentier qui les a recueillis sur le terris de la fosse Saint-Auguste; ils contiennent *Schizophoria resupinata, Rhypidomella Michelini*. Ici encore il y a des lits marins analogues à ceux du n° 4 de l'Escarpelle et de Dechy, occupant la même position topographique, renfermant la même faune, remplis comme ceux-ci de fragiles tubes de *Productus* accumulés, indice que ces animaux vivaient sur place, dans des eaux très calmes, boueuses et marines, et reposant comme eux sur des passées et veines de charbon.

[1] M. Olry s'était déjà appuyé sur l'existence de ce calcaire pour assimiler la veine Auguste à Julienne et à Louise (*Bassin de Valenciennes*, 1886, p. 363).

CONCLUSIONS RELATIVES AUX COUPES D'AZINCOURT. — Les trois fosses de la Compagnie d'Azincourt, alignées suivant la bordure méridionale du bassin, ont donc également reconnu dans leurs travaux la *zone de Flines*, caractérisée à la fois par sa faune et par la répétition des alternances marines et palustres. Elle y présente 330 mètres d'épaisseur et 12 veines ou passées de charbon, comprenant entre elles huit couches de schistes avec fossiles marins identiques à ceux de l'Escarpelle et de Flines. Cette zone, la plus inférieure du faisceau houiller, existe donc régulièrement avec des caractères paléontologiques précis et constants au Midi, comme au Nord du bassin, dans le département du Nord. Son épaisseur est à peu près la même de part et d'autre. Et sur ce bord méridional du bassin, les teneurs en MV augmentent normalement de Julienne (MV = 18 p. 100) à Veine du Midi (MV = 30 p. 100), c'est-à-dire du Sud au Nord, des veines géologiquement inférieures aux supérieures. Notre assimilation du faisceau des *schistes marins d'Azincourt* avec la *zone de Flines* entraîne cette conséquence importante de l'assimilation du faisceau de Joseph I (Azincourt) à MV = 25 p. 100, avec le faisceau de Thérèse (Flines-les-Raches) à MV = 9 p. 100.

Cette conclusion se trouverait confirmée, d'une façon indépendante si besoin était, parce qu'à 100 mètres de la zone de Flines, on reconnaît au-dessus d'elle, dans la veine Joubert, la faune marine de Poissonnière, qui, au bord Nord du bassin, à Déjardin, se trouve à peu près à la même hauteur, au-dessus de la *zone de Flines*. Mais nous avons reporté l'étude de Joubert et Poissonnière à la seconde partie de ce mémoire.

A l'Est de la concession d'Azincourt, nous ne possédons que des documents moins précis encore, et aucune note personnelle; les récentes observations de M. l'abbé Carpentier sont venues seules compléter les données de M. Olry.

FOSSE SAINT-MARC D'ANZIN. — A 3 kilomètres à l'Est de Saint-Auguste, M. Olry a signalé à la fosse Saint-Marc de la Compagnie d'Anzin, et au Sud du cran de retour, un banc calcaire de 0 m. 15, suivi sur 2 kilomètres entre les veines Scipion et Sorel-Hocquart. Nous n'avons pu en voir encore aucun échantillon, cette région étant actuellement peu abordable; il serait intéressant d'en comparer la faune avec celle du n° 4 de l'Escarpelle (page 68). M. Gourdin, ingénieur divisionnaire de la Compagnie, a bien voulu rouvrir d'anciens travaux pour rechercher ce banc calcaire; il ne l'a point retrouvé et doute de la réalité de son existence. La découverte de la flore à *Nevropteris*

Schlehani par M. l'abbé Carpentier (Étage A[1]) au toit de cette même veine Scipion à Saint-Marc, entre la faille d'Abscon et le cran-de-retour, est cependant d'accord avec les données précédentes pour indiquer qu'un pli anticlinal a relevé le fond du bassin conformément au plan de ces failles. Une étude détaillée du faisceau de Saint-Marc s'impose, comme une des plus instructives, pour élucider la structure de cette partie de bassin.

Fosse Désirée de Douchy. — A 4 kilomètres au Sud de Saint-Marc, la Compagnie de Douchy a traversé à l'extrémité de la bowette Sud de sa fosse Désirée un calcaire ampélitique noir, au voisinage immédiat et avant d'arriver au Calcaire Carbonifère. Nous devons à M. l'abbé Carpentier communication d'un certain nombre de fossiles de ce niveau, recueillis par lui sur le terris de la fosse ; ce sont :

Glyphioceras reticulatum, Phill. [1].   *Posidoniella lævis, Brown.*
Marginifera marginalis, Kon.? (jeune   *Posidoniella minor, Brown*
échantillon).

Ce gisement nous paraît différer par sa position et par sa faune des précédents, pour se rapporter à la zone des phtanites de Bruille (H[1a]), qui lui est inférieur.

Fosse l'Enclos d'Anzin. — Cette fosse, située à 3 kilom. 1/2 à l'Est de la précédente, exploite des veines de 24 à 30 de MV. Une bowette y a rencontré deux lits calcaires de 0 m. 70, d'après M. Olry [2], au Sud de la veine Adélaïde et à 542 mètres du puits. Ils continuent probablement ceux de la fosse Désirée, mais nous n'avons pu voir de fossiles et les documents précis nous font encore défaut.

Fosse Bon-Air d'Anzin, — 7 kilomètres à l'Est, la fosse Bon-Air a rencontré, toujours d'après M. Olry, un banc calcaire de 0 m. 15 au sud de la faille d'Abscon et des charbons renversés à MV = 22 p. 100. Ces bancs calcaires de Bon-Air et de l'Enclos correspondent peut-être, comme celui de Désirée, à la zone des phtanites : il m'a été impossible toutefois de préciser les indications données par M. Olry, malgré toute l'obligeance de M. Saclier, ingénieur en chef des mines d'Anzin.

[1] Phillips, *Geology of Yorkshire*, P[t] 2, p. 235, pl. XIX, fig. 26-32. Un échantillon très bien conservé présente une suture identique à la fig. 7 c de M. Frech (*Lethæa geognostica, pl. 46, fig. 7*).
[2] Olry, *Bassin de Valenciennes*, 1886, p. 259.

Fosse Saint-Saulve de Marly. — A 4 kilomètres de Bon-Air, la fosse Saint-Saulve (Compagnie de Marly) a fourni au mur (renversé) de la veine n° 1 la coupe ci-dessous (fig. 12) relevée par M. l'abbé Carpentier [1], qui a bien voulu me communiquer les fossiles qu'il y avait rencontrés.

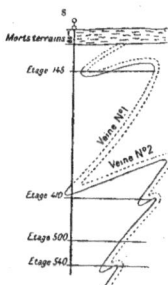

Fig. 12. — Coupe montrant la disposition des veines 1 et 2 à la fosse Saint-Saulve.

Voici la liste des couches traversées :

Schistes grossiers, avec *Nevropteris Schlehani*, Stur . . . .
Veine n° 1 (renversée) : c'est la plus méridionale connue . . . . . .
Schistes noirs ampélitiques renfermant des goniatites en grande abondance, mais indéterminables; elles sont associées à des débris d'*Asterocalamites*, de *Pecopteris penniformis* Brg., *Sigillaria mamillaris*, Brg. C'est le niveau des phtanites de Baudour (**H**[1a]).
Veine n° 2. (MV = 20 p. 100) 0m 30
Schiste 0 30
Calcaire 0 15

> *Productus semireticulatus*, Mart.
> *Orthothetes crenistria*, Phill.
> *Schizophoria resupinata*, Mart.
> *Discina nitida*, Dav.
> *Lingula mytiloïdes*, Sow.
> *Myalina* sp.

Cette série appartient à un niveau géologique plus élevé que celle de Désirée de Douchy, et peut être rapportée à la zone de Flines (**H**[1b] des géologues belges).

[1] Carpentier, *Annal. Soc. géol. du Nord*, t. XXXIV, p. 194, 1905.

FOSSE PETIT DE MARLY. — Cette fosse, située à 1,200 mètres à l'Est de celle de Sainte-Saulve, a également fourni à M. l'abbé Carpentier des fossiles, dans un niveau de schistes ampélitiques à nodules de sphérosidérite. Ce sont une goniatite très voisine de *Glyphioceras tenuistriatum*, mais d'une détermination douteuse en l'absence des cloisons, et *Posidoniella lœvis*, Brown.

SONDAGE D'ONNAING DE LA COMPAGNIE DE MARLY. — M. l'abbé Carpentier [1] a fait connaître les quatre sondages faits aux environs d'Onnaing; il nous a communiqué les fossiles qu'il a recueillis dans l'un d'eux, à 1,300 mètres W. du clocher d'Onnaing. Les premiers terrains anciens rencontrés sont des calcaires où nous avons reconnu *Martinia glabra*, Mart, *Productus undiferus*, Kon. caractéristiques du Calcaire Carbonifère de Visé; en dessous viennent des schistes où nous avons reconnu :

Glyphioceras reticulatum, Phill.	*Rachis de fougères.*
Posidoniella lœvis, Brown.	*Folioles de Nevropteris.*
Productus sp.	*Archæocalamites* sp.
Pteriocrinus (tiges).	

Cet étage des schistes alunifères à goniatites (zone de Bruille) constitue dans la région un lambeau important puisqu'il s'étend sur 20 kilomètres de longueur, de Douchy à Onnaing, où il occupe sa place normale entre le houiller productif H^2 et le calcaire carbonifère. Il se prolonge à l'Est, où on l'a rencontré à la fosse d'Onnaing [2], sous le calcaire carbonifère, ainsi qu'à Quiévrechain [3], en dessus des schistes houillers, c'est-à-dire au Nord du bassin de Dour, dans des conditions stratigraphiques différentes. L'abondance des goniatites à ce niveau est aussi grande que dans le gisement célèbre de Chokier, près Liège. Toutefois, elles y sont si déformées, si aplaties, qu'il n'est pas surprenant qu'elles aient passé inaperçues jusqu'à ce jour; un seul échantillon de Douchy m'a montré sa suture conservée, qui permet de la rapporter positivement au *Glyphioceras reticulatum*, Phill.

Les coquilles de *Glyphioceras* écrasées sont assez abondantes dans ces gisements pour former des tapis continus sur certains délits des schistes; parfois leurs lits alternent avec des lits à coquilles de Posidonielles et avec des lits à

---

[1] CARPENTIER, *Annal. Soc. géol. du Nord*, 1905, p. 189.

[2] OLRY, *Bassin de Valenciennes*, 1886, p. 33.

[3] OLRY, *Bassin de Valenciennes*, p. 293, 299; et GOSSELET, *l'Ardenne*, 1888, p. 690, 738, 741.

débris végétaux, parfois elles leur sont associées, et on trouve même des goniatites laminées sur des rachis de fougères, charriées dans des eaux marines.
Cette association de fossiles marins et de plantes terrestres que nous avons
reconnue en divers autres points du houiller inférieur du Nord avait déjà été
signalée dans le bassin de Mons par MM. Cornet et Renier.

Quant à l'étage des alternances de schistes et de calcaires de Dorignies,
nous avons montré sa continuité suivant une ou deux bandes, sur une grande
étendue au Sud du bassin, du n° 4 de Dorignies à la fosse Saint-Saulve, suivant une longueur de 36 kilomètres, au midi du syndical de Dorignies. Cette
formation nous a paru identique à celle qui constitue au Nord de ce synclinal
une autre bande, parallèle à la première, et beaucoup mieux connue dans
ses détails, du n° 5 de Dorignies à la fosse Notre-Dame et la fosse Casimir-
Perier, sur une longueur de 19 kilomètres: elles appartiennent l'une et l'autre
à la zone de Flines, telle qu'elle est définie au Nord du bassin.

Bassin du Pas-de-Calais.

Tandis que dans le Nord les bancs calcaires marins rencontrés jusqu'à ce jour se groupent assez bien suivant les trois lignes parallèles de Flines, au Nord, de Notre-Dame d'Aniche, au Centre, et la double ligne de Saint-Marc et de Saint-Saulve au Sud du bassin, il n'en est plus de même dans le Pas-de-Calais. Nous n'avons pu suivre dans le Pas-de-Calais qu'une seule des lignes précédentes, celle de Flines, que l'on trace par Carvin, Annœulin, Nord de Lens, Annezin, Bruay et que nous avons décrite plus haut (p. 18). Nous ne connaissons pas dans le bassin du Pas-de-Calais de représentant des deux autres lignes calcaires visibles dans le Nord, sur les bords du synclinal de Dorignies. Leur absence nous empêche de reconnaître dans le Pas-de-Calais la continuation du synclinal de Dorignies.

Cependant on ne saurait concevoir comment la mer, qui déposait les calcaires dans le bassin du Nord tout entier, n'aurait pas baigné aussi le midi du bassin du Pas-de-Calais. Une mer limitée au pli de Dorignies n'eût pas été une mer, mais un lac à faune saumâtre ou d'eau douce. L'absence des niveaux marins dans le Pas-de-Calais est actuellement inexplicable; nous nous bornerons à conclure, pour ce motif, que nos connaissances sur la composition des étages inférieurs de la série houillère dans le Pas-de-Calais sont encore insuffisantes.

La zone de Flines a été rencontrée en divers points, à l'ouest du bassin, que nous énumérerons ci-dessous :

La Clarence. — La Compagnie de la Clarence l'a trouvée à Calonne-Ricouart dans son puits n° 1, j'ai eu l'occasion de l'étudier, grâce à l'obligeance de M. Biver, ancien ingénieur de cette Compagnie :

Terrain de craie............................	0 à 102^{m}00
Banc dur de craie à *B. plenus*.......................	0 50
Marne cénomanienne............................	23 00
Tourtia, à la base du précédent.....................	
Argile avec *Inoceramus sulcatus, Inoceramus concentricus, Belemnites minimus, Pecten laminosas* (Gault).........	3 00
Sables grossiers blanc rosé, avec rares blocs de quartzite et schiste (Wealdien)...........................	9 00

On rencontre, à ce niveau, le Terrain carbonifère :

Calcaire marbre noir et blanc, bréchiforme. . . . . ⎫
Calcaire blanc à phtanites noirs . . . . ⎬ 24ᵐ00
Calcaire noir. . . . . ⎭

Ces 24 mètres de calcaires me paraissent représenter un facies des brèches carbonifères à *Productus giganteus.*

Schistes à clayats. 24ᵐ00
Schistes avec passées de charbon 6 00
Calcaire siliceux à encrines, *Productus carbonarius*, Lamelli- ⎫
 branche dimyaire . . . . ⎪
Schiste à clayats. . . . . ⎬   6 00
Calcaire noir spathique à lits schisteux avec encrines, *Spi-* ⎪
 rifer bisulcatus, *Productus longispinus* . . . . ⎭
Schistes et grès à végétaux, en lits renversés. . . . .

Ces 36 mètres de schistes et calcaires, que recouvrent les calcaires précédents, se rapportent par leur faune comme par leurs caractères lithologiques à la zone de Flines. L'épaisseur de cette zone, traversée dans la fosse, est peut-être réduite par le jeu de failles, bien que cette diminution considérable d'épaisseur soit aussi reconnaissable à Hardinghen, et se montre générale à l'Ouest du bassin.

Coupe d'Auchy-au-Bois. — Le gisement d'Auchy-au-Bois rappelle celui de la Clarence. La coupe du puits n° 3 au Sud de cette concession donnée en détail par M. Breton en 1876 a rencontré sous les morts-terrains des schistes noirs pyriteux fossifères avec phtanites (**H**¹ᵃ); ces schistes de formation marine reposent sur des grès calcareux géodiques, sous lesquels il y a un banc de calcaire noir dur, représentant la zone de Flines. La faille qui séparerait cet ensemble calcaro-schisteux, renversé, des schistes et cuerelles du houiller productif, en place, est sans portée, puisque la série est complète.

J'ai donné en 1874 la liste des fossiles recueillis dans les schistes noirs renversés sur le terrain houiller productif, et qui appartiennent à la zone de Flines :

Orthoceras Goldfussianum, de Kon.   *Arca Lacordairiana*, Kon.
Cœlonautilus subsulcatus, Phill.   *Parallelodon semicostatum.*
Naticopsis vetustus, Sow.   *Parallelodon Geinitzi*, Kon.
Schizodus sulcatus, Phill.   *Myalina Verneuili*, Mc Coy.

11.

Ctenodonta lævirostrum, Port.

Avicula papyracea, Sow.

Spirifer trigonalis, Mart.

Martinia glabra, Mart.

Productus carbonarius, Kon.

Productus semireticulatus, Mart.

Marginifera marginalis, Kon.

Aulacorhynchus cf. concentricus[1] Kon.

Ambocælia planoconvexa, Shum.

Rhynchonella triplex, Mc Coy.

Poteriocrinus sp.

[1] Le Chonetes concentrica, Kon, auquel nous comparons cette espèce nouvelle, a des stries au nombre de 15, tandis que celle-ci en a 50; ce caractère la rapproche davantage de la forme d'Écosse figurée par Davidson (p. 158, pl. 55, fig. 13).

§ IV. DES RELATIONS DE LA BANDE DE FLINES

AVEC CELLES DE DORIGNIES ET D'AZINCOURT.

Les coupes détaillées qui précèdent établissent l'existence, au nord du bassin, d'un faisceau houiller d'origine limnique, épais de plus de 200 mètres, comprenant six veines ou passées charbonneuses alternant avec cinq dépôts d'origine marine (schistes et calcaires de Flines), interstratifiés. Ce faisceau appartient sans conteste au Houiller inférieur westphalien, dont il constitue la base, puisqu'il est régulièrement intercalé à ce niveau. Nous pensons que les bandes de Dorignies et d'Azincourt sont de même âge.

Nos coupes ont établi en effet qu'au centre (bande de Dorignies), comme au midi du bassin (bande d'Azincourt), il y avait également deux faisceaux épais aussi de 200 à 300 mètres, caractérisés à la fois par les mêmes espèces fossiles et par les mêmes alternances de conditions terrestres et marines, ils présentent semblablement des veines de charbon alternant avec 8-9 bancs de schistes calcareux déposés en mer et correspondant à 5 invasions marines.

On avait admis jusqu'ici que la bande calcaire de Dorignies était plus récente que celle de Flines, et on donnait plusieurs raisons en faveur de cette opinion. D'abord son association aux houilles grasses du Midi, considérées d'un commun accord comme plus récentes que les houilles maigres du Nord, et ensuite l'existence dans ce faisceau des houilles grasses d'une flore attribuée à la zone B³, et différente de celle de la zone A, reconnue dans les houilles maigres de Flines. Or il faut reconnaître que le premier argument est insuffisant; le second était erroné.

Quant à l'opinion défendue dans ce mémoire, du parallélisme ou synchronisme des trois bandes de Flines, Dorignies et Azincourt, elle est fondée sur trois arguments : 1° l'étude comparative de la flore et de la faune des bandes de Flines, de Dorignies et d'Azincourt; 2° leur analogie paléontologique et stratigraphique avec un terme équivalent des bassins voisins; 3° leurs relations stratigraphiques propres et leur gisement. Nous examinerons successivement ces trois séries d'arguments.

1° Faune de la zone de Flines[1].

Les faunes des trois bandes marines parallèles de Flines, Dorignies et Azincourt présentent les relations les plus intimes : la plupart des formes rencontrées dans le faisceau du Nord ont été retrouvées dans les faisceaux du Centre ou du Sud; la richesse relative en fossiles, du faisceau central a sa cause dans l'exploration plus détaillée qui en a été faite (voir le tableau de cette faune, page suivante).

CONCORDANCE DES CONDITIONS PHYSIQUES QUI ONT DÉTERMINÉ LES TRAITS COMMUNS DES FAUNES DE CES TROIS BANDES. — L'assimilation de ces trois bandes est d'abord indiquée par l'uniformité de leur faune, faune propre, où des espèces spéciales décrites successivement par Brown 1841 [2], Roemer 1863 [3], von Koenen 1879 [4], J. Ward 1890 [5], Tornquist 1895-97 [6], Wolterstorff 1899 [7], W. Hind 1905 [8], se trouvent associées à de nombreuses formes, plus anciennement connues, du Calcaire Carbonifère dinantien.

Ces bandes ne contiennent que des formes du Houiller inférieur et du Dinantien, à l'exclusion des formes propres au Moscovien, telles que Brachiopodes ou Fusulines du Donetz et des Pyrénées.

Mais l'assimilation des divers faisceaux est, en outre, indiquée et confirmée par la communauté des faciès des divers bancs marins dans les différentes bandes. Les principaux faciès distingués sont les suivants, de haut en bas :

1° Calcaire à encrines avec Spirifer bisulcatus;

2° Calcaire dolomitique à Productus plissés (carbonarius, longispinus, etc.); ·

3° Schistes bitumineux à Lamellibranches marins;

4° Calcaire noduleux siliceux et sidérosphérites à Glyphioceras;

5° Calcaire lumachelle à Orthis.

[1] Nous reviendrons sur les caractères de la flore, dans la seconde partie de ce mémoire.

[2] BROWN , New species fossil shells, Trans. Manchester geol. Soc., vol. 1, 1841.— Voir aussi G. Wild, *ibid.* Vol. 21, p¹ 13.

[3] ROEMER, Zeits. d. deuts. geol. Ges., Bd. XV. 1863, p. 576; Bd. XVIII.

[4] Von KOENEN, Kulmfauna von Herborn, Neues Jahrbuch, 1879, p. 309.

[5] J. WARD, The geological features of the North-Staffordshire coal-field, Transact. of the N. Staffordshire institute of mining Engineers, vol-X. 1890. Newcastle.

[6] D' A. TORNQUIST, Das fossilführende Untercarbon aus œstlich-Rossbergmassiv in den Süd Vogesen, Abhand. zur geol. specialkarte v. Elsass-Lothringen, Bd. V. 1895-97. Strasburg.

[7] W. WOLTERSTORFF, Das Untercarbon von Magdeburg, Berlin, 1899 Inaugural Dissertation.

[8] J. T. STOBBS et W. HIND, *Quart. Jour. geol. Soc.* vol. 61, p. 495. 1905.

FAUNE DE LA ZONE DE FLINES.

DÉSIGNATION DES FOSSILES.	BANDE N° 1 de FLINES.	BANDE N° 2 de DORIGNIES.	BANDE N° 3 D'ALINCOURT.
Écailles de poissons...............................	*	*	*
Dimorphoceras atratum, Gold........................	"	*	"
Glyphioceras diadema var. tenuistriatum, Haug...........	"	*	"
Glyphioceras diadema var. crenata, Haug...............	"	*	"
Glyphioceras reticulatum, Phill......................	*	*	?
Glyphioceras reticulatum var. Gibsoni, Haug.............	*	"	"
Cœlonautilus subsulcatus, Phill......................	*	*	*
Temnocheilus tuberculatus, Sow......................	"	*	"
Triboloceras formosum?, Foord.......................	"	*	"
Orthoceras sulcatum, Mac Coy........................	"	*	"
Orthoceras aciculare, Bronn.........................	"	*	*
Orthoceras striolatum, Sandb........................	"	*	"
Turbo Manni, Brown................................	"	*	*
Naticopsis consimilis, Mac Coy.......................	"	*	"
Naticopsis vetustus, Sow............................	"	*	"
Macrochilina cf. clavata, Sow........................	"	*	"
Loxonema Oweni, Brown.............................	"	*	"
Loxonema minima, Sow..............................	"	"	*
Capulus neritoïdes, Phill............................	"	*	"
Euphemus Urei, Flem...............................	*	*	*
Bellerophon navicula, Sow...........................	"	*	*
Martinia glabra, Mart...............................	*	*	*
Spirifer trigonalis, Mart.............................	*	*	"
Spirifer bisulcatus, Sow.............................	*	*	*
Spirifer octoplicatus, Sow...........................	*	*	*
Chonetes Laguessiana, Kon...........................	*	*	*
Chonetes variolata, d'Orb...........................	"	*	"
Marginifera marginalis, Kon..........................	*	*	*
Productus semireticulatus, Mart.......................	*	*	*
Productus carbonarius, Kon...........................	*	*	*
Productus longispinus, Sow..........................	"	*	"
Productus scabriculus, Mart..........................	"	*	"
Productus punctatus, Mart...........................	"	*	"
Productus cora, d'Orb...............................	"	*	*
Schizophoria resupinata, Mart.........................	*	*	*
Rhipidomella Michelini, Lév..........................	*	*	"
Orthothetes arachnoïdea, Phill........................	"	*	"
Orthothetes crenistria, Phill..........................	*	*	*
Leptæna sp..	"	*	*
Athyris Royssii, Lév................................	*	*	"

DÉSIGNATION DES FOSSILES.	BANDE N° 1 de FLINES.	BANDE N° 2 de DORIGNIES.	BANDE N° 3 D'AZINCOURT.
Athyris ambigua, Sow................	//	✳	//
Dielasma hastata, Sow................	✳	✳	//
Ambocœlia planoconvexa, Shum........	✳	✳	//
Spirigerella subtilita, Davids........	//	✳	//
Aulacorhynchus concentricus, Kon.......	//	✳	//
Discina nitida, Dav................	✳	✳	✳
Lingula mytiloïdes, Sow............	✳	✳	✳
Aviculopecten gentilis, Sow..........	✳	✳	✳
Aviculopecten cf. stellaris, Phill......	✳	✳	✳
Aviculopecten cf. concentricostriatus, Mac Coy......	//	✳	//
Pterinopecten carbonarius, Hind.......	✳	✳	✳
Pseudamusium fibrillosum, Salter......	//	✳	✳
Posidoniella minor, Brown...........	//	✳	//
Posidonomya membranacea, Mac Coy.....	//	✳	//
Myalina sp...................	✳	//	//
Modiola transversa, Hind............	//	✳	//
Nuculana acuta, Sow..............	//	✳	✳
Nuculana Sharmani, Ether..........	//	✳	✳
Nucula oblonga, Mac Coy...........	//	✳	✳
Nucula æqualis, Sow.............	//	✳	✳
Ctenodonta lævirostrum, Port........	//	✳	✳
Schizodus antiquus, Hind...........	//	✳	//
Schizodus axiniformis, Phill........	//	✳	//
Protoschizodus orbicularis, Mac Coy....	✳	✳	//
Parallelodon semicostatam, Mac Coy.....	✳	✳	✳
Parallelodon Geinitzi, Kon..........	//	✳	✳
Edmondia sulcata, Phill...........	✳	✳	//
Edmondia senilis, Phill...........	✳	✳	//
Scaldia minuta, Hind.............	//	✳	✳
Cypricardella concentrica, Hind.......	✳	✳	//
Cypricardella Hindi, Bolton.........	//	✳	✳
Sanguinolites ovalis, Hind..........	//	✳	//
Sanguinolites v. scriptus, Hind.......	//	✳	//
Sanguinolites angulatus...........	//	✳	//
Solenomya costellata, Mac Coy.......	//	✳	//
Solenomya primæva, Phill..........	✳	✳	✳
Sedgwickia attenuata, Mac Coy.......	//	✳	//
Solenomorpha parallela, Hind........	//	//	✳
Allorisma sulcata, Flem............	//	✳	//
Poteriocrinus sp.................	✳	✳	✳
Synocladia sp...................	//	✳	✳
Zaphrentis sp...................	//	✳	✳
Stictopora sp...................	//	✳	✳
Éponges hexactinellides...........	//	✳	//

Aucun de ces cinq faciès ne présente le caractère d'une formation d'eau douce, mais bien ceux de sédiments formés en mer à des profondeurs diverses. Les calcaires associés aux schistes et grès clastiques sont impurs, gréseux, argilo-ferrugineux ou magnésiens; leur genèse dans des eaux troubles est attestée, en outre, par l'absence des polypiers, habitants des eaux claires; leur dépôt dans des eaux marines est indiqué par l'abondance des crinoïdes, brachiopodes, céphalopodes, et l'absence de toute coquille d'eau douce (Carbonicola, Anthracomya). La proportion des éléments terrigènes et des débris de végétaux terrestres flottés et charriés est plus grande dans les couches clastiques, schistes ou boues à Lamellibranches et Céphalopodes, que dans les calcaires à Crinoïdes et Brachiopodes, où aucun n'a été reconnu. Jamais, à cette époque, la quantité des eaux douces qui charriait ces matières végétales dans les estuaires n'a été suffisante pour en rendre les eaux saumâtres et permettre un mélange de formés animales marines et d'eau douce. Les diverses faunes marines successives émigraient, sans s'acclimater et sans se mélanger, lorsque la proportion d'eau douce devenait suffisante pour faire cesser les conditions favorables à leur existence.

Telles sont les conditions communes qui ont présidé au dépôt des 200 mètres inférieurs du terrain houiller du Nord, c'est-à-dire de la *zone de Flines*. Elles ont été les mêmes dans les trois bandes de Flines, Dorignies et Azincourt, et témoignent d'alternances répétées, brusques, sans transitions saumâtres, de formations marines au nombre de cinq à neuf et de formations d'eau douce, admettant entre les invasions marines la formation de sols de végétation (murs), avec passées charbonneuses[1]. Le charbon de ces passées est habituellement très pur et ses accumulations ne dépassent guère l'épaisseur de 0 m. 50.

DIFFÉRENCE DE CES CONDITIONS AVEC CELLES DES ÉTAGES HOUILLERS PLUS ÉLEVÉS.

— Ces conditions sont bien différentes de celles qui ont présidé au dépôt des étages plus élevés du bassin houiller du Nord, où on ne trouve

[1] L'indétermination du nombre des invasions marines (5 à 9) n'est qu'apparente et due à ce qu'il ne suffit pas pour le fixer d'énumérer les lits marins rencontrés, mais de trouver aussi les murs avec Stigmarias correspondant aux émersions qui les séparèrent. C'est ainsi que nous pouvons dire qu'il y eut à l'époque de la zone de Flines, au moins 5, au plus 9 invasions marines successives, séparées par des émersions, bien que nous ayons distingué dans certaines coupes jusqu'à 12 lits marins distincts. Il serait logique d'accepter le nombre 9 fourni par le maximum au lieu du nombre 5 fourni par le minimum, comme nous l'avons fait dans ce mémoire.

plus associées à la flore des étages supérieurs (B et C) des séries de couches marines alternantes. Dans ces étages supérieurs, un certain nombre des espèces de Flines ont disparu; on n'y trouve plus les mêmes associations de fossiles marins, ni les mêmes roches variées, ni la même diversité des faciès: les lumachelles et dolomies à brachiopodes et crinoïdes sont inconnues, et les lits marins observés, formés de sédiments fins, de schistes bitumineux, contiennent des faunes spéciales à Céphalopodes ou Lamellibranches (faunes halolimniques). Les espèces n'ont pas beaucoup varié peut-être, quelques-unes ont persisté, mais les conditions de milieu étaient différentes. Les couches marines rencontrées (veines Poissonnière, Bernard, Joubert, etc.) sont minces, isolées, loin d'être groupées en faisceau comme dans la zone de Flines. Elles renferment quelques espèces propres de poissons (*Pleuroplax Attheyi*, etc.) et un assemblage différent de coquilles (Absence des Productus plissés du type *semireticulatus*, abondance des Productus épineux du type *scabriculus*), et plus souvent elles n'offrent que des Lingules et des débris de poissons, indices de conditions plutôt saumâtres. A ces rares et minces couches marines des étages supérieurs sont associées des formations saumâtres à poissons et crustacés (phyllopodes et ostracodes), et des formations d'eau douce à mollusques voisins des Moules d'eau douce de nos étangs (*Anthracomya* et *Carbonicola*) et des Dreissensia de nos ruisseaux (*Naïadites*) alternant avec les veines de charbon, et formant souvent leur toit.

La présence et la répétition de ces lits palustres a été reconnue en nombre de points dans les faisceaux supérieurs (zones C et surtout B de M. Zeiller). Une coquille décrite par M. P. Pruvost [1] (*Estheria Simoni*) a été retrouvée au toit de la veine Beaumont dans 5 concessions différentes; une autre (*Estheriella Reumauxi*) au toit de la veine Arago dans 2 concessions. Des crustacés (*Prestwichia, Carbonia*), des lamellibranches (*Carbonicola, Anthracomya, Naiadites*) ont été reconnus en un grand nombre de toits. Nous avons actuellement distingué onze de ces lits palustres à coquilles d'eau douce dans la concession de Nœux, quatorze dans le seul faisceau de la fosse Notre-Dame d'Aniche, seize dans la concession de Meurchin, dix-sept dans celle de Liévin, et vingt-huit dans celle de Lens.

Ils sont plus nombreux encore et plus exactement repérés dans la partie

[1] P. Pruvost, Sur les Entomostracés bivalves du terrain houiller du Nord de la France, *Annal. Soc. géol. du Nord*, t. XL, 1911, p. 60, pl. 1-2.

belge du bassin, où M. Stainier a pu représenter dans un tableau synoptique leur position, leur nombre et leur variété.

Les faciès halolimniques à Goniatites sont représentés en couches minces, isolées, à divers niveaux du bassin belge aussi bien que du bassin français [1].

[1] Il semble bien difficile de concilier cette observation avec l'opinion commune que les sédiments fins, d'origine organique, peu épais, riches en goniatites, se sont formés dans les profondeurs de la mer, et on est porté à se demander si les plantes qui leur sont associées ont été entraînées dans la haute mer, ou si des animaux pélagiques ont été rejetés du large dans les estuaires houillers?

En faveur de la première opinion, divers naturalistes : Moseley, Agassiz, ont apporté des arguments sur lesquels M. Haug a bien voulu appeler mon attention. Moseley a constaté, en effet, en draguant dans la mer des Caraïbes, qu'on trouvait des oranges, des cannes à sucre, des feuilles de manglier jusqu'à des profondeurs de 1 800 à 2 740 pieds (Moseley, *Nature*, 1886, p. 593). Agassiz, de son côté, a relevé des feuilles et des branches de plantes terrestres décomposées, mêlées à la boue à globigerines, dans les profondeurs, entre Mexico et les îles Gallapagos. Dans la craie sénonienne de Lille, M. P. Bertrand a trouvé des bois de Conifères (Abietinée), flottés, percés de tarets, loin de toute côte (*Annales Soc. géol. du Nord*, vol. 35, 1906, p. 248). Dans les calcaires carbonifères marins à brachiopodes et coraux, de l'Ouest des États-Unis (Eureka District), M. Walcott a signalé des Gastéropodes pulmonés et des plantes terrestres qui ont dû être apportés de bien loin, car on ne connaît pas de Carbonifère d'origine continentale dans la région (*Monograph*. VIII, U. S. Geol. Survey, p. 262).

Si ces observations permettent d'expliquer l'apport des plantes houillères dans les fonds où vivaient les goniatites, elles ne suffisent pas à prouver qu'il en ait été réellement ainsi. Car il est aussi logique de supposer que ce sont les goniatites qui sont venues s'échouer dans les zones littorales.

Leur association fréquente dans ces couches avec des Pélécypodes à byssus, remarquée par M. J. Cornet (*Ann. Soc. géol. de Belgique, Liège*, t. XXXIII, 1906, p. 139), avec des Spirorbes et des œufs de poisson (Palaeoxyris) fixés sur des plantes, avec des coprolithes, témoigne en faveur de conditions littorales. Un autre indice est fourni par la ressemblance de certains lits de nodules houillers à goniatites (notamment ceux de Shore, Lancashire) avec le lit de nodules phosphatés du Gault ardennais de formation littorale, à céphalopodes, débris de bois et poissons. Mais l'argument le plus sérieux est fourni par la stratigraphie même, dans la concordance absolue, sans remaniement, entre les couches marines et les veines encaissantes à sol de végétation terrestre; les sédiments restent parfois les mêmes, lors du dépôt marin et lors de celui de la couche d'eau douce voisine.

Pour ces raisons, on n'hésiterait guère à rattacher les bancs à goniatites du Houiller à des zones de convergence littorale marine (*Ann. Soc. geol. du Nord*, t. XXXIV, p. 198, 1905) formées par le mélange d'apports subaériens, tiges de plantes terrestres et minéraux clastiques, à des produits marins (coquilles de céphalopodes, etc.) transportés en sens inverse, après leur mort, si M. Haug n'avait fait remarquer l'excellent état de conservation des goniatites et l'association souvent observée d'individus de tout âge et de toute taille, correspondant parfois à des pontes entières. Il semble donc que les goniatites du Houiller aient vécu là même où nous les rencontrons. On arrive alors nécessairement à cette conclusion que les goniatites et autres animaux pélagiques se seraient acclimatés, à l'époque houillère, à des eaux marines peu profondes, littorales, comme de nos

On ne peut réellement considérer ces lits, gisant en concordance entre des couches remplies de plantes terrestres et montrant des sols de végétation, comme des dépôts marins abyssaux. Il semble que les Goniatites qui s'y trouvent associées aux débris flottés de tant de plantes terrestres aient dû s'acclimater, dans les lagunes houillères, à des conditions franchement littorales. Elles sont associées à des Spirorbes, à des Lingules, à des Poissons assez indifférents au degré de salure des eaux houillères : *Cœlacanthus, Elonychthys, Platysomus* [1].

La faune du Houiller du bassin franco-belge présente bien, comme l'a déjà dit M. Stainier, une lente transformation de la base au sommet : de marine qu'elle était à la base, elle devient douce au sommet. Cette transformation se fait graduellement avec toutes les récurrences qui caractérisent une lente évolution; cette lenteur est telle qu'elle laissa aux habitants des eaux houillères le temps de s'adapter aux nouvelles conditions pour certains genres particulièrement souples [2]. Les espèces marines rencontrées dans les étages supérieurs du houiller belge appartiennent à des faunes halolimniques, plutôt qu'à des formes pélagiques : nous en décrirons cependant en France un certain nombre de zones nouvelles.

Quant aux niveaux de la zone de Flines à *Crinoïdes, Orthis, Spirifers, Productus* ils ne présentent pas de formes adaptées aux eaux limniques; leur faune franchement marine disparaît brusquement quand les conditions changent; elle avait de même apparu brusquement, puisque nous trouvons ces lits marins

jours les formes marines acclimatées dans tant de lacs d'eau douce (Tanganyika, Garde, Titicaca, Wenern, Wettern, Baïkal, Ladoga).

On sait, en effet, que les grands lacs d'Afrique ont une faune normale d'eau douce, qui leur est propre, tandis qu'on trouve dans le lac Tanganyika associés à cette faune d'eau douce des formes d'affinité marine et de caractère archaïque, découvertes par Speke en 1857. S. P. Woodward reconnut parmi ces formes l'aspect marin archaïque des Gastéropodes. De 1893 à 1903, J. E. S. Moore (J. E. S. Moore, *The Tanganyika problem*, 1903), Hobley et Allemand (*Soc. géogr. de Paris*, sept. 1903) y pêchèrent des méduses, des crustacés, des mollusques, des spongiaires, des protozoaires, inconnus dans tous les autres lacs, et de type marin évident. Ces formes distinctes de toutes les formes marines actuellement vivantes se rattachent à elles, comme des stades moins évolués des mêmes types : elles paraissent ainsi descendre d'une faune marine d'une époque antérieure, crétacée ou jurassique. Les poissons ganoïdes des eaux douces d'Afrique sont peut-être des restes de cette faune halolimnique du Tanganyika.

[1] Les mêmes espèces de poissons se trouvent dans les lits marins et dans des lits saumâtres à Carbonia, Lepidodendron, d'après les listes de MM. Stobbs et Hind.

[2] Lingules, Spirorbes, Poissons et peut-être Céphalopodes.

immédiatement au toit des veines, sans qu'il y ait entre eux de zones de passage fluvio-marines. D'ailleurs cette faune marine est pauvre, composée d'espèces venues de régions méridionales marines plus profondes, envahissant le bassin chaque fois qu'un affaissement plus marqué rendait ses eaux plus salines et habitables pour elles. Cette faune ne présentait ni une grande richesse ni une grande différenciation, parce que les eaux changeaient trop radicalement de composition et que leurs habitants devaient mourir ou émigrer. L'association des formes marines et des plantes terrestres, dans des sédiments de nature uniforme, montre que les sédiments de ce bassin se sont déposés dans une région qui s'affaissait, où le niveau du sol était sensiblement le même que celui de la mer, sous lequel il passait périodiquement. Telles étaient, lors de la formation des couches inférieures du houiller, les conditions communes, en France et en Belgique. On y doit voir l'indice de variations rapides, plutôt que la succession de passages graduels et de lentes inondations.

2° Analogies des formations de Flines
avec celles des bassins voisins.

La comparaison du bassin du Nord avec les bassins voisins permet d'y reconnaître des représentants des calcaires marins de Flines et de Dorignies, et par suite d'attribuer leur formation à des phénomènes généraux, étendus de la Westphalie à l'Angleterre. Nous les décrirons successivement à l'Est vers la Westphalie, puis à l'Ouest vers l'Angleterre.

BASSIN DE MONS. — Des couches marines ont été signalées dès 1875 par Cornet et Briart [1], dans le bassin de Mons, sous forme de minces lits de calcaires à *Crinoïdes, Chonetes Laguessiana, Productus carbonarius*, compris dans un faisceau de schistes et psammites avec deux veines de charbon maigre. Elles affleurent dans la tranchée du chemin de fer de Baudour, au Nord du bassin, un peu au-dessus des phtanites de Chokier (H^{1a}). L'examen que j'ai pu en faire dans cette tranchée et dans le bois de Colfontaine, sous la savante direction de mon ami M. J. Cornet, m'a montré leur identité avec celles de Flines.

---

[1] CORNET et BRIART, Sur l'existence dans le terrain houiller du Hainaut de bancs de calcaire à crinoïdes (*Ann. Soc. géol. de Liège*, Mém. 2, 1875, p. 52

M. J. Cornet[1] a distingué sous les noms suivants les assises inférieures du bassin de Mons :

H^2 Terrain houiller productif.

H^1 { H^{1c} Assise du poudingue houiller;
H^{1b} Assise des coureuses de gazon;
H^{1a} Assise des phtanites.

Le poudingue houiller H^{1c}, qui fournit un repère si constant à l'Est du bassin belge, et qui est représenté dans le Nord de la France par un banc de quartzite d'origine marine, me paraît perdre graduellement ses caractères conglomératiques distinctifs à l'ouest de Mons, où il n'a été reconnu qu'en des points isolés. Il sépare du Houiller productif H^2 l'assise des coureuses de gazon H^{1b}, où ont été exploitées sous ce nom trois à quatre veines de charbon anthraciteux de o m. 25 à o m. 40 d'épaisseur, sous des lits alternants de schistes, grés et calcaires à faune marine. La position stratigraphique de ces calcaires, comme leurs caractères paléontologiques, montrent le parallélisme de l'assise des coureuses de gazon avec la zone de Flines.

C'est sous ces lits marins à *Spirifer bisulcatus*, *Productus carbonarius*, et autres brachiopodes de Flines, que MM. J. Cornet [2] et A. Renier [3] ont trouvé les faunes et flores des ampélites et phtanites de Baudour (H^{1a}) à *Glyphioceras diadema* et *Sphenopteris bythinica*, que leur belle étude a si bien fait connaître.

Il n'y a donc aucun doute que la *zone de Flines* ne soit représentée de part et d'autre du bassin de Mons, au Nord (Baudour), comme au Sud (Golfontaine), par des couches de mêmes caractères lithologiques et paléontologiques et de semblable position stratigraphique. Je n'hésiterais pas non plus à rapporter à cette même zone de Flines les cinq minces lits à fossiles marins intercalés dans 110 mètres de schistes et cuerelles de formation continentale, dans la bowette 515 de Ghlin, si M. J. Cornet [4] qui les a fait connaître n'avait exprimé une opinion contraire.

[1] J. CORNET, *Géologie*, Mons, chez Leich-Putsage, 1909, p. 204.

[2] J. CORNET, La faune du terrain houiller sans houille dans le bassin de Mons (*Ann. Soc. géol. de Belgique*, Liège, t. XXXIII, 1906, M. 139).

[3] A. RENIER, La flore du terrain houiller sans houille dans le bassin de Mons, *ibid.*, M., p. 153; *ibid.*, t. XXXIV, 1907, M., p. 181.

[4] J. CORNET, Notes sur des lits à fossiles marins rencontrés au Nord du Flénu à Ghlin (*Ann. soc. géol. de Liège*, t. XXXIII, 1906, M. 35; *ibid.*, t. XXXIV, 1907, *Bull.*, p. 92).

Ces lits lui ont fourni les espèces suivantes, qui sont les plus communes de Flines :

Spirifer bisulcatus Sow.	*Chonetes Laguessiana* Kon.
Orthis resupinata Mart.	*Lingula mytiloides* Sow.
Orthothetes crenistria Phill.	*Pterinopecten papyraceus* Sow.
Athyris planosulcata Phill.	*Estheria striata* Münst.
Productus carbonarius Kon.	

Au-dessus de ce faisceau de couches alternantes limniques et marines, montrant au toit de passées charbonneuses de formation palustre cinq intercalations marines, on observe successivement en montant la série : deux lits de cuerelle aquifère de 8 à 9 mètres, puis 100 mètres de schistes et grès, puis un lit mince à *Carbonicola acuta,* puis 80 mètres de schistes et grès, pour arriver enfin à la Veine Goret, la première veine exploitable connue du faisceau de Ghlin.

Aussi longtemps qu'on n'aura pas reconnu, dans la mine, ce qu'il y a en dessous du faisceau des cinq lits marins précités, il sera permis d'hésiter entre l'opinion de M. J. Cornet, qui tient ces lits pour supérieurs au grès d'Andenne (H^{1c}), et celle d'après laquelle cette assise (H^{1c}) serait représentée à Ghlin par les 8 à 9 mètres de cuerelle qui surmontent les lits marins dans la bowette 515. On devra noter, à l'appui de cette dernière opinion, que dans la partie française du bassin, voisine de Ghlin, l'étage H^{1c} n'est encore connu, en place, qu'à l'état de grès aquifère, et non plus à l'état de poudingue comme au levant de Mons, et que l'épaisseur de 200 mètres de la zone de schistes et grès H^2, comprise entre ce grès H^{1c} et la première veine exploitable Goret, correspond à l'épaisseur moyenne de cette assise inférieure du Houiller productif.

BASSIN DE CHARLEROY. — La zone de Flines définie par sa faune et par sa position est connue dans le bassin de Charleroy depuis que Blanchard et Smeysters[1] la signalèrent à Jamioulx, au sud du bassin, où elle leur fournit les espèces suivantes :

Chonetes Laguessiana Kon.	*Spirifer lineatus* Mart.
Productus carbonarius Kon.	*Leda acuta* Sow.
Spirifer bisulcatus Sow.	*Aviculopecten scalaris* Sow.
Spirifer planosulcatus? Phill.	*Conularia quadrisulcata* Sow.

[1] C. BLANCHARD et J. SMEYSTERS, Fossiles rencontrés dans le houiller de Charleroy (*Ann. Soc. géol. de Liège*, t. VII, 1879, p. 14).

Cette faune appartient à l'assise d'Andenne de M. Stainier [1]. C'est à M. Stainier que l'on est redevable des plus importantes recherches sur les niveaux coquillers, marins ou saumâtres, intercalés parmi les combustibles des bassins de Charleroy et de Liège ; elles lui ont permis d'établir la synonymie des veines de ces bassins sur des bases positives. Le nombre de ces niveaux distingués par M. Stainier est de 66 ; ils sont répartis de la façon suivante dans le bassin de Charleroy (fig. 13) :

L'*assise de Charleroy*, la plus élevée, comprenant les faisceaux de la Sablonnière, des Ardinoises et du Gouffre, ne contient aucun niveau marin, ni aucun calcaire ;

L'*assise de Châtelet*, comprenant le faisceau de Châtelet, contient six niveaux de schistes à Lingules et à poissons, que l'on peut considérer comme saumâtres ; elle présente en outre deux formations fossilifères plus nettement marines, pélagiques ou halolimniques, dans des lits de schistes à nodules de sidérose. Ce sont les bancs 61 (Sainte-Barbe-de-Floriffoux) et 65 *bis* (passée). Absence complète de bancs calcaires dans cette assise.

L'*assise d'Andenne*, faisceau de Namur, présente huit niveaux marins, les uns formés de calcaire à crinoïdes et brachiopodes (n°s 68, 69, 70) épais de 1 à 3 mètres, les autres de schistes à nodules de sidérose avec lamellibranches pélagiques et goniatites. L'épaisseur de cette assise atteint 390 mètres.

Enfin l'*assise de Chokier* des ampélites et des phtanites (80 mètres) est essentiellement marine.

BASSIN DE LIÈGE. — Ce bassin, d'après les beaux travaux de M. Fourmarier [2] et de M. Stainier [3] que nous suivrons ici, présente aussi une série de niveaux marins :

L'*assise de Charleroy* contient un grand nombre de niveaux d'eau douce à Carbonicola, Spirorbes, et de lits calcareux minces. Ceux-ci, représentés par des nodules de sidérose alignés, des grès calcarifères, ou même des lits de calcaire argileux gris (n°s 62, 77, 85) de 0 m. 50 à 0 m, 70 nous montrent

---

[1] STAINIER, Stratigraphie du bassin houiller de Charleroy (*Bull. Soc. géol. de Bruxelles*, t. XV, 1901, p. 1-60 [1]).

[2] FOURMARIER, *Esquisse paléont. du Bassin houiller de Liège*, Congrès géol. appliquée de Liège, 1905, p. 235-348; *Idem*, Sur la zone inférieure du bassin houiller de Liège (*Ann. Soc. géol. de Belgique*, Liège, t. XXXIII, M, p. 17-20).

[3] STAINIER, Stratigraphie du bassin houiller de Liège (*Bull. Soc. belge de géol.*, Bruxelles, t. XIX, 1905, p. 1-120).

Faisceau de la
Sablonnière:

Sablonnière

Masse

Faisceau
des Ardinoises:

Broze

Cense

Pistole

Faisceau
du Gouffre:

Tatouie

Faisceau
de Chatelet:

Gros Pierre

Ste Barbe de
Floriffoux

Léopold

Faisceau
de Namur:

Poudingue H^{ic}

Etage des Ampélites
et Phtanites
H^{1a}

LÉGENDE

——— Veines de houille
·.·.·.· Conglomérats
͵͵͵͵͵͵ Couches marines

ᵥᵥᵥᵥᵥᵥ Couches à poissons
······· Couches d'eau douce

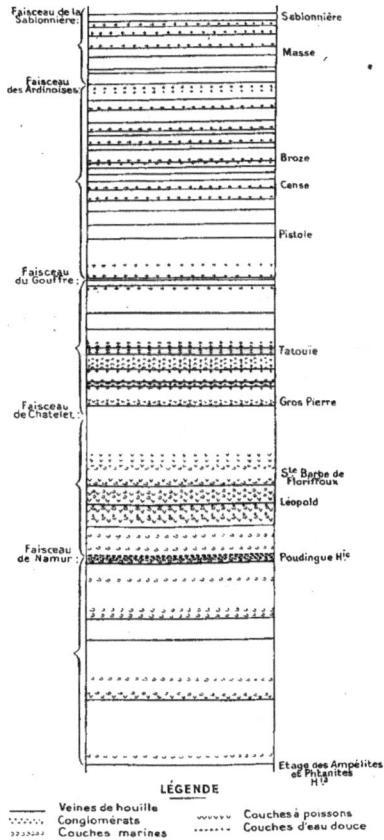

Fig. 13. — Coupe schématique du bassin de Charleroy, d'après M. X. Stainier.

Échelle : 1/10.000°.

dans l'absence de crinoïdes, de céphalopodes, de brachiopodes (à l'exception de la *Lingula mytiloïdes* dans le n° 41 Grand-Bac), des caractères limniques ou moins franchement marins que ceux des niveaux calcaires inférieurs.

L'*assise de Chatelet* présente en outre de divers lits saumâtres à *Carbonicola* et poissons, un lit de calcaire noir sidéritifère sans fossiles épais de 2 mètres (n° 94) et 3 lits de schistes coquillers à nodules de sidérose (n°ˢ 98, 102, 106), dont deux (Chenou n° 98, et la passée n° 106) avec goniatites, indiquent des conditions pélagiques. Absence dans cette assise de bancs de calcaire construit.

L'*assise d'Andenne* offre 4 lits de schistes à céphalopodes et autres coquilles marines; absence des calcaires à crinoïdes reconnus à ce niveau dans le bassin de Charleroy. Épaisseur, 210 mètres.

L'*assise de Chokier*, épaisse de 25 mètres, est marine.

Ainsi en Belgique, à part la couche saumâtre à Lingules (n° 41, Grand-Bac) de Liège, il n'y a pas de niveau franchement marin dans l'assise de Charleroy. Il y en a au moins deux très bien caractérisés dans l'assise de Châtelet du bassin de Charleroy, et deux aussi dans le bassin de Liège. Enfin, il y en a huit différents dans l'assise d'Andenne du bassin de Charleroy et quatre dans celui de Liège. L'assise de Chokier, où l'on ne trouve que des plantes flottées et apportées, est de part et d'autre marine.

Diverses raisons que nous allons énumérer nous ont décidé à assimiler la *zone de Flines* à l'*assise d'Andenne* (**H**¹ᵇ) des bassins belges :

1° La *faune* belge décrite par Cornet et Briart[1], Blanchard et Smeysters[2], ne peut se distinguer de celle de Flines;

2° La *flore* décrite par M. Renier[3] comprend les mêmes formes essentielles, trouvées à Flines : *Pecopteris aspera, Sigillaria acuta, Lepidodendron Weltheimi, Stigmaria ficoïdes.*

3° *Similitude et récurrence des faciès.* — Si on considère que les invasions marines constituent des phénomènes orographiques nécessairement étendus, et que les dépôts fins à Goniatites comme les calcaires construits à Crinoïdes indiquent des conditions bathymétriques très spéciales, également reconnaissables à Flines et à Andenne; — si on considère que ces récurrences marines,

---

[1] Voir ci-dessus, p. 93.

[2] Voir ci-dessus, p. 95.

[3] A. Renier, note sur la flore de l'étage H¹ᵇ (*Ann. Soc. géol. de Liège*, Bull., t. XXXV, 1908, p. 116).

aussi remarquables par leurs caractères paléontologiques que par leur répétition, alternent de part et d'autre avec des veines minces de charbon anthraciteux et des murs continus à *Stigmarias* autochtones, — on reconnaîtra que, ces extraordinaires alternances (au nombre de 4 à 8 sur 200 mètres à Flines) ne se retrouvent en Belgique que dans l'assise d'Andenne;

4° *Absence commune de couches de mollusques d'eau douce (Carbonicola, Naiadites)*, intercalées, dans les zones de Flines et d'Andenne; elles ne contiennent semblablement que des couches franchement marines entre des masses d'origine continentale;

5° La concordance d'épaisseur des deux séries fournit un dernier argument, de moindre valeur; elle atteint 210 mètres à Liège, 390 à Charleroy, d'après M. Stainier[1], 200 à Aniche, 220 à Dorignies, 330 à Azincourt. Le nombre plus grand des niveaux marins dans la série française est peut-être en relation avec l'absence dans cette région centrale du poudingue d'Andenne typique, à l'état de conglomérat (5 mètres à Charleroy, 10 mètres à Liège), que l'on trouve représenté à l'ouest de la frontière par des quarzites à encrines, d'origine marine.

Enfin on peut noter que la zone de Flines ressemble plus par ses bancs calcaires à crinoïdes et brachiopodes à la zone d'Andenne telle qu'elle est représentée dans le bassin de Charleroy, qu'à celle qui se montre dans le bassin de Liège, avec ses calcaires à Céphalopodes, dominants.

Les analogies qui relient la zone de Flines aux autres niveaux marins, connus en Belgique au-dessus de l'assise H^{1b}, sont beaucoup plus lointaines. Les deux toits à *goniatites* connus dans l'assise belge de Châtelet, et si nettement suivis du bassin de Charleroy dans celui de Liège par M. Stainier (n° 61 de Charleroy = 98 de Liège, et 65 *bis* = 106) présentent des caractères propres, et une unité, qui les séparent nettement des niveaux de Flines. Ce n'est pas à la zone de Flines qu'il convient de les comparer, mais à des bancs marins plus élevés de la série française. L'invasion marine (halolimnique) des schistes à goniatites de Sainte-Barbe-de-Floriffoux (n° 61) avec le mur à gannister de cette veine, générale dans le bassin belge (61 = 98 de Liège), correspond plus probablement, comme nous le montrerons plus loin, avec la zone Poissonnière d'Aniche.

_____

[1] M. A. RENIER donne, pour ces épaisseurs, 200 mètres à Liège, 200 à 300 mètres à Charleroy.

13.

BASSIN D'AIX-LA-CHAPELLE. — Les récentes études de MM. Westermann[1], Max Semper[2] ont appris l'existence de niveaux marins dans les bassins de la Wurm et d'Eschweiler, qui continuent respectivement à l'est de la Belgique les deux bassins de Liège et de Dinant. Le bassin d'Eschweiler renferme vers sa base, associés aux veinettes Wilhelmine de charbon maigre, trois lits marins à Goniatites, Bellerophons, Brachiopodes, assimilables à ceux de la zone de Flines.

Le bassin de la Wurm montre au toit de la veine n° 6 (Maria), supérieure aux précédentes, une couche marine à Goniatites, comparable à celle du toit de Catarina de Westphalie, sur laquelle nous reviendrons plus loin; elle est beaucoup plus récente que celle de Flines.

Le bassin hollandais, connu grâce aux sondages exécutés par le gouvernement et étudiés par M. van Waterschoot van der Gracht[3] et M. Klein[4], a fourni plusieurs niveaux marins, qui ont permis d'y reconnaître des zones bien définies du bassin de la Ruhr.

BASSIN DE LA WESTPHALIE. — Ce bassin doit à l'heureuse simplicité de sa structure tectonique le double avantage d'être un des mieux connus des savants, et un des plus rémunérateurs pour l'exploitant. Il présente les grandes divisions suivantes :

DÉSIGNATION.	ÉPAISSEURS.	NOMBRE de VEINES EXPLOITABLES.	ÉPAISSEUR TOTALE du CHARBON EXPLOITABLE.
	mètres.		mètres.
Charbons flambants.....................	1,000	25	22
Charbons à gaz.......................	300	10	8
Charbons gras.........................	600	25	23
Charbons maigres.....................	1,050	10	10
TOTAUX..............	3,000	70	63

[1] H. WESTERMANN, Gliederung der Aachener Steinkohlenablagerung, Verhandl. d. naturhist. Vereins der preuss. Rheinlande, Westfal., und der R. B. Osnabrück, 62 Jahrg. 1905.

[2] MAX SEMPER, Die marinen Schichten im Aachener Obercarbon, Verh. d. naturh. Vereins d. preuss. Rheinl. u. Westfalens, 1909, p. 221.

[3] W. A. J. M. VAN WATERSCHOOT VAN DER GRACHT, The deeper Geology of the Netherlands and adjacent regions, with special reference to the latest borings in the Netherlands, Belgium and Westphalia, The Hague, 1909.

[4] W. C. KLEIN, Sur le bassin houiller du Limbourg néerlandais (Ann. Soc. géol. de Liège, vol. 36, p. 236, 1909).

Il a été récemment l'objet d'une remarquable monographie qui a pu donner une classification générale de toutes ses veines avec leurs caractères stratigraphiques et paléontologiques [1].

Le faisceau supérieur des *charbons flambants* a montré sept lits à *Carbonicola*, intercalés dans la masse des sédiments à débris végétaux [2]. Absence dans ce faisceau de formations marines, à l'exception de celle qui aurait été signalée par M. Bärtling dans un sondage au Nord de la Lippe.

Le faisceau des *charbons à gaz* a révélé l'existence de huit lits à *Carbonicola* interstratifiés. Absence de formations marines.

Le faisceau des *charbons gras* offre à son sommet la veine repère Catarina, veine de o m. 80 à 1 m. 60, noduleuse, pyriteuse et médiocre pour l'industrie, mais fameuse pour les botanistes par les clayats à structures végétales conservées qu'elle renferme, et pour les géologues par son toit avec fossiles marins : Goniatites, Orthocères, Aviculopectens, Lingules.

Le faisceau des *charbons maigres* a offert dans sa masse dix lits marins différents, minces, à Goniatites et Lamellibranches et très exactement repérés par les soins de M. Cremer.

Dans ce faisceau de charbons maigres, la zone de Flines est représentée par le premier groupe de L. Cremer [3], épais de 250 à 300 mètres, et comprenant quelques veines minces, peu productives, au toit desquelles trois lits marins ont été reconnus (lits marins n°s 1, 2, 3 de la coupe générale de Westphalie) (fig. 14). Cette conclusion s'accorde avec l'observation de M. Krusch [4] qu'au sud du bassin de Münster les bancs marins sont de plus en plus nombreux à mesure qu'on descend, au point de constituer presque tous les toits des charbons maigres.

Le lit marin n° 4 de L. Cremer, situé 135 mètres plus haut [5], au toit de la *Hauptflötz* du bassin, me paraît correspondre par ses caractères paléontolo-

[1] Die Entwickelung der Niederrheinisch-Westfälischen Steinkohlen-Bergbaues in der 19 Jahrhundert, Berlin, Julius Springer 1903, vol. 1.

[2] Dr L. CREMER, Die Süsswasser-Muscheln d. Westfälischen Steinkohlengebirges und ihre Vertheilung innerhalb denen Schichten, Glückauf 1896, p. 137.

[3] Dr L. CREMER, Die marinen Schichten in der mageren Partie d. Westf. Steinkohlengeb. Glückauf 1893, p. 879, 970, 1093.

[4] Prof. KRUSCH, Der südrand des Beckens von Münster, Zeits. d. deuts. geol. Ges. 1909, p. 230.

[5] Ces distances sont également comptées à partir du poudingue de Neuflötz, qui repose sur le lit 3 de Westphalie (zone de Flines).

giques et sa position à celui de la veine n° 28 ou à celui de Laure de Notre-Dame d'Aniche (=Léopold 64 de Charleroy, 102 Désirée de Liège) plutôt qu'à la zone de Flines.

Le lit marin n° 6 de L. Cremer, situé de 250 à 300 mètres plus haut[1], au toit de la veine *Sarnsbank*, nous paraît correspondre par la richesse et la nature de sa faune à la zone de Poissonnière d'Aniche, plutôt qu'à la zone de Flines. La veine Bernard, dont la faune est un peu distincte, correspondrait à Finefraunebenbank (lit n° 7 de Cremer[2], situé à 550 mètres de Neuflötz), et la veine Joubert, associé à la flore à *Nevropteris obliqua*, à Sarnsbank. Nos études sur ces dernières strates marines, que nous venons de découvrir, ne sont pas assez avancées pour permettre encore une comparaison définitive avec les zones marines westphaliennes, elles-mêmes insuffisamment connues dans le détail de leur faune. Leur étude fera l'objet de la seconde partie de ce mémoire.

Ainsi les bassins houillers étrangers, situés à l'est du bassin français du Nord, ont tous présenté, sans que nous ayons pu relever une seule exception, l'existence de niveaux marins, minces, intercalés dans la série de leurs couches d'eau douce. Ces strates marines, loin d'être des formations lenticulaires locales, ce qui d'ailleurs eut été invraisemblable en soi, se sont montrées assez régulières et assez continues pour que le progrès de l'exploitation ait amené simultanément les savants belges et les ingénieurs westphaliens à employer ces niveaux marins comme des repères précis dans la description de leurs bassins. Nous avons vu que dans tous ces bassins les intercalations marines font également défaut dans les étages houillers supérieurs : on ne trouve intercalées à ces hauteurs que des couches lacustres ou saumâtres. Vers la hauteur moyenne de ces bassins apparaissent les premières couches marines : c'est le toit de la Catarina en Westphalie, le toit de Maria n° 6 du bassin de la Wurm, inconnues en France; puis en descendant, le toit de Sarnsbank (Westphalie), Sainte-Barbe de Floriffoux (Charleroy), Chenou (Liège), Poissonnière, Laure, Bernard, Joubert (Nord de la France).

Ces veines fournissent dans ces bassins une première catégorie de toits à Goniatites et Lamellibranches, où on ne peut reconnaître ni le faciès, ni les répétitions marines de la zone de Flines. Elles contiennent, il est vrai, quelques espèces de cette zone, mais on ne saurait les confondre entre elles, tant celle-

[1] CREMER, *l. c.*, 1893.
[2] CREMER, *l. c.*, 1893.

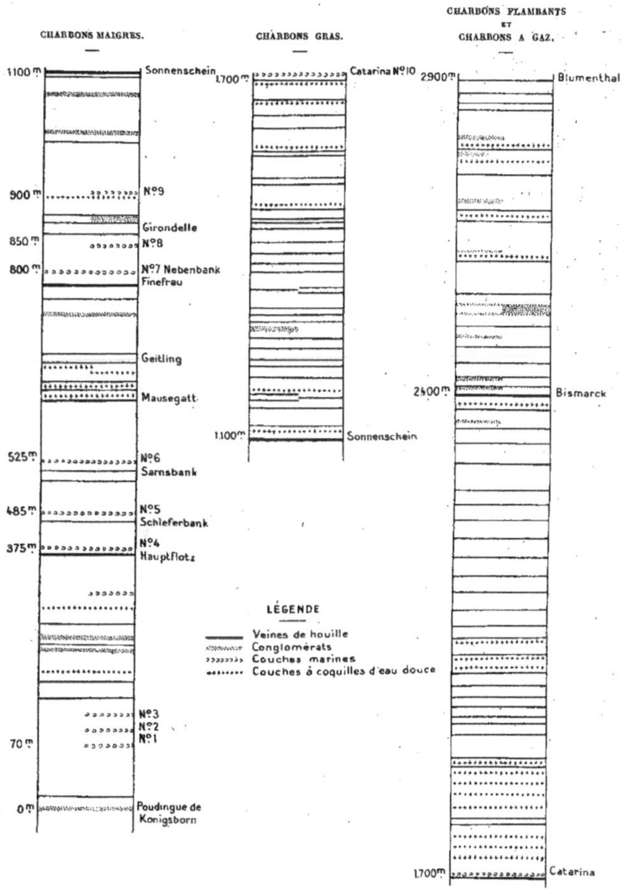

CHARBONS MAIGRES.   CHARBONS GRAS.

CHARBONS FLAMBANTS
ET
CHARBONS A GAZ.

1100 m — Sonnenschein
1.700 m — Catarina N°10
2900 m — Blumenthal

900 m — N°9

Girondelle
850 m — N°8

800 m — N°7 Nebenbank
Finefrau

Geitling

Mausegatt
2400 m — Bismarck

1.100 m — Sonnenschein

525 m — N°6
Sarnsbank

485 m — N°5
Schieferbank

375 m — N°4
Hauptflotz

LÉGENDE

———— Veines de houille
Conglomérats
Couches marines
Couches à coquilles d'eau douce

N°3
N°2
N°1
70 m

0 m — Poudingue de
Konigsborn

1.700 m — Catarina

Fig. 14. — Coupe schématique du bassin houiller westphalien, d'après L. Cremer,
indiquant la succession des veines superposées des charbons flambants, à gaz, gras et maigres.

ci est caractérisée dans l'étage inférieur de tous ces bassins, par la multi-
plicité des intercalations marines, par leur faciès, par le nombre des espèces
communes. Enfin, si on compare le faisceau de Flines aux faisceaux marins
des divers bassins, on constate que c'est avec le faisceau inférieur des
plus voisins (assise d'Andenne de Mons et Charleroy) qu'il présente le plus
de relations.

BASSINS ANGLAIS. — Mais ce n'est pas seulement à l'est du bassin français,
qu'on trouve des strates marines intercalées dans le terrain houiller. Leur développement est général dans cette immense bande synclinale carbonifère qui
s'étend, avec peu ou point d'interruptions importantes, de la Westphalie à la
Grande-Bretagne, et dont le bassin de Bristol, au S. O. de l'Angleterre, est
le prolongement occidental.

On doit à M. H. Bolton[1] la distinction et l'étude des strates marines du
bassin houiller de Bristol. Mais des strates marines avaient été signalées depuis
longtemps, interstratifiées dans les terrains houillers de l'Angleterre, et déjà
en 1845 Phillips suivait sur de grands espaces un lit marin au toit d'une
même veine, insistant sur la généralité du phénomène et sur son importance
tectonique. Dès 1861 Salter[2], dans le bassin du sud de l'Angleterre, annonçait
ce fait, dont la généralité a été depuis reconnue jusqu'en Belgique et en
Westphalie, que les espèces marines diminuent à mesure qu'on monte dans le
terrain houiller, où elles finissent par laisser la place aux saumâtres. Et dans
le bassin du Sud du pays de Galles, il signalait à la base de la série houillère,
au-dessous du « Farewell rock », les lits marins associés aux « Rosser Veins »
comprenant 40 p. 100 des fossiles des Yoredale Rocks et qui paraissent correspondre exactement à notre zone de Flines. Ces mêmes lits de calcaire
argileux à fossiles marins, alternant avec les grès du Millstone grit, ont été
plus récemment décrits par MM. Strahan et Gibson[3].

Le niveau à fossiles marins que l'on trouve plus haut, dans la série du
Pays de Galles, au toit de l'Engine-coal, me paraît correspondre, par sa posi-

[1] H. BOLTON, On a marine fauna in the basement bed of the Bristol Coalfield, Q. J. G. S.
London, vol. 63, 1907, p. 445, pl. 30. — et Faunal Horizons in the Bristol Coalfield, Q. J. G. S.
London, vol. 67, 1911, p. 316, pl 27.
[2] J. W. SALTER, The iron ores of great Britain, 8°, Memoirs geol. survey of Great Britain,
P¹ 3, South-Wales 1861, p. 234.
[3] A. STRAHAN et W. GIBSON, Geol. of the South-Wales Coalfield, Mem. geol. survey of Great
Britain, P¹ 2. 1900.

tion et par les caractères du *Productus scabriculus* qu'il contient et qui a été figuré par Salter[1], au niveau de la veine Poissonnière, qui se trouve à Aniche. à 400 mètres au-dessus de la zone de Flines.

Depuis les descriptions de Salter, diverses strates marines ont été suivies de telle façon dans les travaux des mines anglaises que MM. J. T. Stobbs[2] et W. Hind[3] ont pu reconnaître qu'elles s'étaient étendues, malgré leur minceur, sur le bassin du Staffordshire tout entier. Bien plus, des 11 lits marins distingués dans le bassin houiller du North-Staffordshire, trois ont été suivis jusque dans le South-Staffordshire, le Yorkshire, et les comtés du Midland, permettant cette importante conclusion que ces bassins avaient été continus jadis, au temps du dépôt de ces minces niveaux marins, et qu'ils n'avaient été séparés postérieurement que par dénudation.

La faune de ces divers lits ne suffit pas à elle seule à les différencier avec précision, elle est encore pour cela insuffisamment connue, on n'a recueilli que les formes abondantes et on ne saurait méconnaître qu'il y a entre elles beaucoup d'espèces communes. Ainsi nous avons trouvé dans la zone de Flines beaucoup d'espèces, auparavant inconnues en France, qui avaient été décrites par M. J. Ward[4] dans le « Gin Mine » du North-Staffordshire, veine bien plus élevée dans la série houillère.

Les lits marins comme le « Gin Mine » intercalés dans la série houillère lacustre, et généralement au toit des veines, sont minces de 0,10 à 4 mètres. Les plus minces, où ne se trouvent guère que des Lingules, espèces littorales, se suivent sur de moindres étendues que les plus épais à Céphalopodes et Lamellibranches. Mais tous sont identiques, dans leurs diverses variétés lithologiques, aux schistes d'eau douce qui leur sont associés : l'origine des sédiments boueux resta la même, lors de la formation de ces différents dépôts, marins et lacustres. La faune elle-même ne varia guère au cours des inondations et émersions successives et de ses multiples émigrations.

Dans la zone de Flines se trouvent des faciès vaseux analogues, mais ils y sont associés à une série d'autres faciès, calcaires, dolomitiques, arénacés,

[1] J. W. SALTER, *loc. cit.*, pl. 2, fig. 18.

[2] J. T. STOBBS, The value of fossil mollusca in Coal-measure stratigraphy (*Trans. inst. min. Eng.*, vol. XXX, part. 4, p. 443, 1906).

[3] J. T. STOBBS and W. HIND, The marine beds in the coal-measures of North-Staffordshire, with notes on their paleontology. (*Quart. Journ. geol. Soc.*, vol. LXI, 1905, p. 495.)

[4] J. WARD, Geology of the North-Staffordshire coal fied (*Trans. of the North-Staffordshire Institute of mining and mechanical Engineers*, vol. X, 1890).

avec brachiopodes, présentant plus d'analogies avec la faune des calcaires dinantiens.

Au Sud de l'Angleterre, c'est l'étage du « millstone grit [1] », épais de 130 à 330 mètres dans le bassin du South-Wales, de 400 mètres dans celui de Bristol, qui fournit l'équivalent des calcaires de Flines, dans des lits de grès calcareux au nombre de 1 à 6, séparés par des schistes comprenant de minces veines de charbon. Un lit marin associé à une veine de charbon avec coal-balls a été cité dans le Lancashire par M. Bolton [2], sous le « rough rock » qui correspond au quartzite de Flines (H^{1c}).

Nous rapprochons le « Millstone grit » de la zone de Flines, parce qu'il présente mêmes caractères lithologiques et paléontologiques, mêmes faciès variés. Il est semblablement formé de grès, psammites et schistes avec passées de charbon et lits interstratifiés fossilifères marins de calcaire et de schiste. Ses plantes rares, mal conservées en général, sont celles des Coal-Measures et spécifiquement distinctes de celles des Pendleside series, au point que M. R. Kidston [3] a proposé de les grouper dans son nouvel étage Lanarkien, correspondant à la zone de Flines ($H^{1b} + H^{1c}$) à l'exclusion des couches de Pendleside (H^{1a}) qu'il rapproche du Dinantien. Les coquilles marines rencontrées présentent les plus grandes analogies avec celles des couches inférieures.

De même, dans les comtés de Devon et de Cornwall, l'étage des phtanites du Culm est recouvert par des schistes et grès avec la flore des Coal-Measures [4] et des lits noduleux minces de calcaire marin à Céphalopodes, Lamellibranches et Poissons, montrant que la base du Houiller dans le sud de l'Angleterre, comme dans le bassin franco-belge, est généralement caractérisé par des alternances de conditions marines et terrestres.

[1] A. GEIKIE, Textbook, p. 1047.

[2] H. BOLTON, The paleontology of the Lancashire Coal-measures (Transact. Manchester geol. and miner. soc., vol. XXVIII, part. 14, 1904).

[3] R. KIDSTON, On the division of the British carboniferous rocks. (Proceed. Roy. Soc. of Edinburgh, vol. VII, p. 183, 1894); Id. (Quart. Journ. geol. Soc., vol. LXI, 1905, p. 319).

[4] Cette flore, d'après les travaux récents de M. N. Arber, est celle du Houiller moyen, à l'exclusion de celle des « Upper coal measures », tandis que la faune est celle du « Millstone grit » (Quart. Journ. geol. Soc., 1907, p. 1). Ces observations de M. N. Arber établissant que la série houillère de Cornwall, habituellement rapportée au Culm, n'appartient qu'en partie à cet âge et pour les 9/10° au Houiller moyen, portent à penser que le synclinal carbonifère de Dinant (Ardennes), continuation de celui de la Cornouailles sous le bassin de Paris, ne renferme, comme lui, que du Houiller stérile, improductif, puisque les conditions favorables à la formation de la houille n'étaient pas réalisées dans celui ci.

CONCLUSIONS. — La comparaison de la série des niveaux marins houillers de Flines avec ceux de la Belgique, de l'Allemagne et de l'Angleterre, permet de conclure à la généralité dans ces bassins, à une même période lors des premières accumulations du combustible, d'invasions marines courtes et répétées, séparées par la formation de minces couches de charbon.

Nos notions sur les caractères zoologiques de ces différentes strates marines, dans les divers bassins, sont encore trop incomplètes pour permettre de les tracer avec certitude et de les identifier terme à terme. Cependant la concordance des caractères stratigraphiques et paléontologiques des divers lits qui composent le faisceau de Flines témoigne en faveur de leur synchronisme et de leur parallélisme avec les étages houillers inférieurs de la Belgique ($\mathbf{H}^{1b}$), de la Westphalie (zones 1, 2, 3, de Cremer), du Sud de l'Angleterre (Millstone grit). Cette conclusion nous paraît suffisamment établie par les données paléontologiques précédentes et par les relations stratigraphiques de la zone de Flines; aussi sans insister sur les arguments fournis par la zone de Poissonnière, sur lesquels nous reviendrons dans la seconde partie, nous rechercherons, en terminant, quelles conséquences entraîne pour notre conception de la structure stratigraphique du bassin du Nord, de l'Escarpelle à Anzin, l'assimilation en une même zone des bandes de Flines, de Dorignies et d'Azincourt.

3° Disposition stratigraphique de la zone de Flines dans le bassin du Nord.

Les grands traits de la structure du bassin du Nord ont été reconnus graduellement par les ingénieurs distingués qui l'exploitent. Ils ressortent simplement de la considération d'une coupe transversale N.-S. — Les strates qui le composent, déposées horizontalement, ont été dérangées après leur dépôt et plissées de telle sorte que la structure de l'ensemble est celle d'un pli synclinal, en forme de fond de bateau, mais d'un pli écrasé, dont les deux flancs seraient dissymétriques par rapport à son axe. Bien plus, les terrains anciens qui encaissent le terrain houiller au Nord et au Sud sont dissemblables, et la composition même des charbons appartenant aux veines septentrionales et méridionales est différente.

Les importants travaux synthétiques des ingénieurs des mines, MM. Olry, de Soubeyran, Zeiller, Marcel Bertrand, sont venus apporter leur confirmation

14.

à ces deux faits fondamentaux dévoilés par leurs prédécesseurs, parmi lesquels s'étaient signalés MM. Gosselet, Cornet et Briart, de la continuité du
synclinal franco-belge, considéré comme un ancien et vaste bassin de dépôt,
et de son ridement dû à une poussée méridionale renversant le flanc Sud sur
le flanc Nord, avec production de la Grande-faille (faille eifélienne) et d'une
faille limite, comprenant entre elles un lambeau de poussée.

Ces notions ont été condensées pour la première fois, dans une coupe
schématique célèbre, due à M. Gosselet et que nous reproduisons ici (fig. 15).
Elle fixe les idées généralement admises sur la structure d'ensemble du bassin.

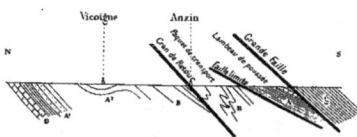

Fig. 15. — Coupe schématique du bassin du Nord, d'après M. Gosselet.

LÉGENDE.

B³. Zone de transition de B à C; B¹⁻². Zone à *L. Bricei*; A¹⁻². Zones à *P. Schlehani*, *P. aspera*;
D. Calcaire Dinantien; g. Dévonien; S. Silurien.

Pour rendre cette figure plus comparable aux nôtres (p. 112-113), nous la
reproduisons ci-dessous en en modifiant l'échelle et le dessin. Il est évident

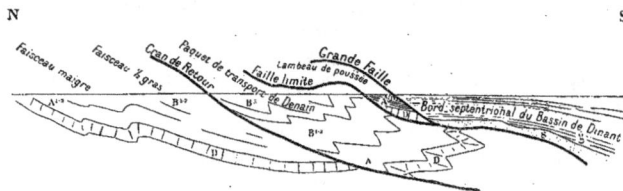

Fig. 16. — Transposition de la coupe précédente de M. Gosselet, à l'échelle des suivantes.

LÉGENDE

B³. Zone de transition de B à C; B¹⁻². Zone à *L. Bricei*; A¹⁻³. Zone à *P. Schelani*, *A. apera*;
D. Calcaire Dinantien; g. Dévonien; S. Silurien.

que cette transposition n'en affecte pas le sens, puisqu'elle respecte les failles
inclinées, et les *paquets* de poussée, de charriage, reconnus par M. Gosselet,
définis par lui, et qui en constituent toute l'originalité.

L'essai de coordination générale de M. Zeiller, basé à la fois sur tous les faits connus et sur une détermination savante des empreintes végétales, vint préciser les notions acquises. L'étude des zones caractérisées par des fossiles animaux, d'origine marine ou d'eau douce, avait été beaucoup plus négligée que celle des zones végétales successivement élaborée par l'abbé Boulay et par M. Zeiller : c'est que ces fossiles animaux, généralement de petite taille et limités à des lits minces, n'attirent pas l'attention du mineur comme les belles empreintes végétales étalées dans certains toits, et passent le plus souvent inaperçus dans la mine. L'étude que nous avons entreprise de ces zones marines nous a montré qu'elles sont répandues dans divers horizons, et qu'elles présentent des caractères assez distinctifs pour qu'il soit possible de les reconnaître et de les suivre dans les différentes portions du bassin. Telle est notamment celle que nous avons décrite dans ce mémoire, sous le nom de zone de Flines et qui comprend une série d'alternances de couches déposées en mer et de couches déposées en eaux douces, formant un faisceau reconnaissable suivant les quatre (trois principales) bandes parallèles définies ci-dessous :

1° BANDE DE FLINES. — La zone de Flines forme sur la carte (pl. 1) une première bande qui s'allonge au Nord du bassin, de Leulinghen à Bruay, Annezin, Lens, Meurchin, Carvin, Flines, Bruille, Château-l'Abbaye, entre les ampélites (H^{1a}) et le terrain houiller productif (H^2), occupant la position de la zone A^1 de M. Zeiller, ou de l'assise d'Andenne ($H^{1b} + H^{1c}$) des géologues belges.

2° BANDE DE DORIGNIES. — La bande de Dorignies (pl. 1), formée de couches contemporaines de celles de la zone de Flines, est localisée au centre du bassin du Nord et suit sa ligne axiale, W. E., de Douai à Valenciennes, passant au Nord des fosses n° 3 et n° 5 de l'Escarpelle, Bernicourt, Notre-Dame, Saint-René d'Aniche, Casimir-Perier et Édouard Agache, Lambrecht, Haveluy d'Anzin. Des conditions changeantes, mais toujours de part et d'autre identiques, ont présidé au dépôt des 300 mètres inférieurs du terrain houiller dans les bandes de Dorignies et de Flines; de part et d'autre, on constate l'existence, avec des épaisseurs équivalentes, de dépôts dus à des invasions marines au nombre de plus de cinq, séparés par des accumulations paludéennes ou lacustres, clastiques, montrant des murs en place et des passées de charbon autochtone.

Si l'attribution, proposée par nous dès 1905, de cette bande de Dorignies[1] à la zone de Flines, est exacte, on ne peut attribuer sa présence qu'à
un accident, pli ou faille, ramenant des couches plus anciennes au centre du
bassin. D'ailleurs la courbure périsynclinale des veines de Dorignies indiquée
sur tous les plans de l'Escarpelle décelait la présence, au Nord, d'une ligne
anticlinale parallèle à l'axe du bassin. La bande de Dorignies correspond ainsi
à un pli anticlinal brisé, dont l'aile Nord a été supprimée par faille, puisque
l'ensemble des couches observées est isoclinal et qu'il ne présente pas la
double répétition d'une même série. L'emplacement de la faille ainsi définie,
au nord de la bande de Dorignies, et reconnaissable d'ailleurs dans les
bowettes à de nombreuses cassures, correspond exactement sur la carte
au *prolongement vers l'Est de la faille Reumaux. La limite septentrionale de la
bande de Dorignies marque ainsi le prolongement oriental de cette importante faille
Reumaux*, qui traverse le bassin du Pas-de-Calais dans toute son étendue.

L'opinion exprimée par Marcel Bertrand[2] de la continuité de la faille Reumaux du Pas-de-Calais, avec le cran-de-retour du Nord doit être abandonnée.
Elle ne peut plus être maintenue depuis que les bowettes d'Aniche et les
déterminations paléontologiques faites à l'Université de Lille ont montré la
continuation matérielle des mêmes veines et l'existence des mêmes flores de
part et d'autre de la limite où Marcel Bertrand poursuivait son tracé. Les
couches ne diffèrent pas de part et d'autre de la surface de charriage pré-
sumée, qui aurait, pour Marcel Bertrand, relié le cran-de-retour à la faille
Reumaux.

Les travaux de la compagnie d'Aniche ont en effet reconnu que les flores
dites **B²** de Saint-René (faisceau gras de Douai) et **B¹** de Vuillemin (faisceau
demi-gras d'Aniche), loin d'être successives, ou superposées, comme on le
pensait d'après la gradation de leurs teneurs en MV, se trouvaient dans
la continuation des mêmes veines et étaient par conséquent synchroniques.
La distinction des flores **B¹ B²** basée sur des groupements inexacts de veines
ne doit donc plus être maintenue.

3° BANDE DE SAINT-MARK. — Cette bande de niveaux marins paraît s'étendre
du Midi de la fosse n° 4 de l'Escarpelle au Sud de la fosse Saint-Marc d'Anzin, en

---

[1] *Congrès international des mines*, Liège, 1905, liv. 2, p. 501.
[2] Marcel BERTRAND, *Annales des mines*, 1898, pl. 3.

passant au Sud du Cran-de-retour. Nous ne la citons qu'à titre de simple indication, n'étant documentés à son sujet que d'une façon tout-à-fait insuffisante.

4° BANDE D'AZINCOURT. — Une quatrième et dernière bande de strates marines de l'âge de la zone de Flines se poursuit au Sud des précédentes, du Sud de la fosse Dechy d'Aniche, au Sud des fosses Saint-Roch et Saint-Auguste d'Azincourt, fosse Désirée de Douchy, l'Enclos et Bon-Air d'Anzin, Saint-Saulve et Petit de Marly. Les listes des fossiles que nous avons pu donner de ces niveaux s'accordent avec les caractères stratigraphiques relevés dans les bowettes pour permettre de les rapporter à la zone de Flines, dont ils représentent ainsi le relèvement terminal au Midi du bassin.

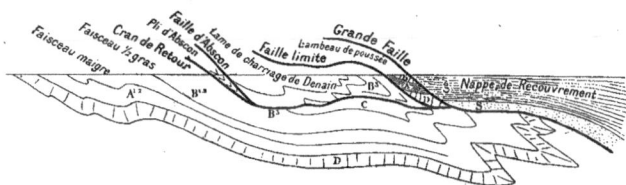

Fig. 17. — Coupe théorique du bassin du Nord, suivant le méridien de Denain, d'après Marcel Bertrand, 1898 (*Annales des mines*, pl. 1, fig. 3).

LÉGENDE.

C. Zone à *L. obliqua*; B. Zone à *L. Bricei*; A. Zone à *N. Schlehani*, *A. aspera*; D. Calcaire Dinantien; g. Dévonien; S. Silurien.

La réapparition de ces quatre bandes, formées par les couches de Flines, suivant quatre lignes parallèles à l'axe du bassin, ne permet ni de conserver l'ancienne interprétation du bassin houiller du Nord, considéré comme une cuvette synclinale unique à bord méridional renversé, ni celle de Marcel Bertrand (fig. 17), pour qui le faisceau gras tout entier ne serait qu'une lame de charriage, cachant sous elle un bassin encore vierge. Une nouvelle interprétation est nécessaire, si nos observations sont exactes.

Leur exactitude nous paraît scientifiquement établie pour les trois bandes de Flines, Dorignies et d'Azincourt; l'insuffisance de documents ne nous permet pas d'être aussi affirmatif pour celle de Saint-Mark. Son existence nous a paru indiquée par l'allure de la veine bleue du n° 4 de l'Escarpelle, et par la

présence d'un banc calcaire signalé à la fosse Saint-Mark d'Anzin, au Sud du
Cran-de-retour, entre les veines Scipion et Sorel-Hocquart. Si l'attribution de
ce calcaire à la zone de Flines était établie, sa présence devrait être attribuée
au jeu d'un accident parallèle à la faille Reumaux prolongée, et ramenant
comme elle un nouveau relèvement anticlinal des couches. Cette éventualité
est d'autant moins négligeable que la découverte par M. l'abbé Carpentier
de la flore à *Nevropteris Schlehani* [1] au toit de cette même veine Scipion de
Saint-Marc, entre la faille d'Abscon et le Cran-de-retour vient l'appuyer
de l'argument paléophytologique. Les données que nous possédons sur cette
région sont trop peu détaillées et trop peu nombreuses pour nous permettre

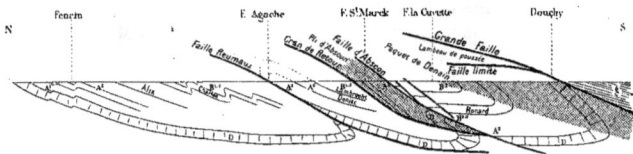

Fig. 18. — Coupe théorique du bassin houiller du Nord, à l'Ouest de la Compagnie d'Anzin (1909).
Échelle : 1/40,000.

LÉGENDE

B'. Zone de transition de B à C; B. Zone à *L. Bricei*; A. Zone à *N. Schlehani*, *A. aspera*;
D. Calcaire Dinantien; g. Dévonien; S. Silurien.

Les grisés représentent, dans cette coupe, les couches renversées.

encore une conclusion absolue sur les accidents qui l'ont affectée. La coupe
que nous en avons donnée ne saurait avoir pour ce motif qu'une valeur hypothétique (fig. 18); nous la reproduisons ici à ce titre, dans l'espérance qu'elle
nous vaudra quelques documents nouveaux, nécessaires à la connaissance
exacte de la structure de cette partie du bassin.

Nous dirons cependant que les observations faites depuis la publication de
notre coupe ne l'ont pas infirmée. Nous avons même pu, en interprétant les
anciens tracés, donnés par M. Vuillemin, l'appliquer à la concession d'Aniche,
comme le montre la coupe (fig. 19) qui a figuré à l'Exposition internationale
de Bruxelles.

[1] Le Musée houiller de Lille possède de nombreux *Nevropteris Schlehani* très bien caractérisés,
provenant de cette veine Scipion, et qui lui ont été donnés par M. Lacroze, ingénieur de la fosse
Saint-Mark.

Mais quoi qu'il en soit de la bande deSaint-Mark et de notre interprétation qui attribue au Cran-de-retour, contrairement à l'opinion reçue, une origine anticlinale, on ne peut y voir qu'un problème local. Il laisse complètement indépendantes nos conclusions stratigraphiques générales, dérivées de la réapparition suivant trois bandes parallèles des niveaux marins rapportés à la zone de Flines, et qui établissent le relèvement de faisceaux anciens suivant la ligne axiale centrale du bassin. En effet la preuve que nous avons tirée de la similitude des faunes s'est trouvée corroborée depuis 1905 par l'étude des flores associées aux bandes de Flines, Dorignies et Azincourt. Cette étude a apporté trois arguments nouveaux : .

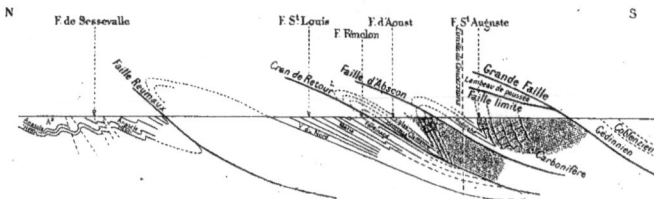

Fig. 19. — Coupe théorique du bassin houiller du Nord, à l'Est de la Compagnie d'Aniche (1909).
Échelle : 1/40,000°.

LÉGENDE

B². Zone de transition de B à C; B. Zone à *L. Bricei*; A. Zones à *P. Schelani*, *P. aspera*;
D. Calcaire Dinantien; g. Dévonien; Silurien.

Les grisés représentent dans cette coupe les couches renversées.

1° *Les plantes recueillies dans la bande de Flines* ont permis à M. Paul Bertrand [1] de reconnaître à sa base la flore à *Pecopteris aspera* (A^1) auparavant inconnue dans cette partie, surmontée par la flore (A^2) de veine Thérèse (voir ci-dessus, p. 12). Au Sud de ces veines caractérisées par la flore A^2, et avant d'arriver sur le prolongement oriental de la faille Reumaux (bande anticlinale de Dorignies A^1), le faisceau des fosses Soult, Saint-Pierre, Ledoux (midi du faisceau du Vieux-Condé) a fourni la flore plus élevée B^{1-2}.

2° *Les plantes recueillies dans la bande de Dorignies*, de l'Escarpelle à Haveluy, sont peu nombreuses, il est vrai; nous y avons cependant trouvé *Pecopteris aspera* à la fosse E. Agache, et diverses plantes de la division infé-

[1] Paul BERTRAND, *Ann. Soc. géol. du Nord*, t. XXXVI et XXXVII, 1908-1909.

rieure A¹ (*Nevropteris Schlehani, Mariopteris muricata, Calamites Suckowii*) à
Casimir-Périer, à l'exclusion des plantes des étages supérieurs, bien que ce
faisceau fût antérieurement attribué à des zones plus élevées.

On sait, d'autre part, grâce aux récentes déterminations de M. Paul Bertrand [1], que les veines qui recouvrent au midi la bande marine de Dorignies,
depuis la veine Olympe (n° 28) et la veine du Nord, jusqu'à la veine Cécile,
ne sont pas seulement distinctes par la pauvreté de leur flore de celles des
zones plus méridionales, mais renferment en outre des flores différentes. Les
premières doivent être rangées dans le niveau A^2 et les autres dans les niveaux B^{1-2}. De ces faits on doit conclure que le faisceau des veines d'Aniche
d'Olympe à Cécile (A^2 des fosses Gayant à Saint-Louis) constitue une répétition des veines du Nord du bassin de Déjardin à Darenberg, suivant un pli
synclical parallèle; il ne forme pas un faisceau de veines plus récent que celles-
ci, comme on l'avait cru jusqu'ici. Leur superposition, réelle dans la mine,
est due à un accident tectonique; elle ne correspond pas à une succession réelle
dans le temps.

On ne connaît encore suffisamment que le bord Nord de ce pli synclinal
du grand faisceau central d'Aniche; la régularité de son bord Sud amorcé à
Dorignies et à Saint-Mark a été dérangée par les failles du Mariage et du
Cran-de-retour, sur lesquelles nous ne possédons pas de documents nouveaux.

3° *Les plantes recueillies dans la bande d'Azincourt*, du Sud de Dechy à
Saint-Saulve, ont appris dès 1907, à M. l'abbé Carpentier [2], l'existence de la
flore de l'horizon A^2 parmi les veines méridionales du bassin, de Denain à
Douchy, à Onnaing; M. Paul Bertrand est arrivé à la même notion au Sud du
Cran-de-retour.

L'exposé qui précède établit ce point, intéressant pour la connaissance de
la structure du bassin, que l'étude de la faune et celle de la flore peuvent
contrôler utilement les données fournies par les variations des teneurs en matières volatiles des veines. L'accord des observations paléontologiques et paléophytologiques témoigne de l'existence, au centre du bassin, d'un relèvement
anticlinal du terrain houiller inférieur (zone de Flines, ou zone A^1), qui a été
suivi de l'Escarpelle à Anzin; il jalonne la continuation orientale de la faille
Reumaux, dont la genèse anticlinale est ainsi indiquée.

[1] Paul BERTRAND, Congrès Assoc. franc. avancement des sciences, Lille, 1909, p. 19.
[2] CARPENTIER, *Annal. Soc. géol. du Nord*, t. XXXVI et XXXVII, 1907-1908.

Il existe, dans le bassin, un autre anticlinal du terrain houiller inférieur (horizon A^2 de Vicoigne), indiqué au n° 4 de Dorignies et à Saint-Mark, et sur lequel nous ne possédons que des documents insuffisants pour être très affirmatifs. Cet accident paraît parallèle au précédent et situé à son midi; il est jalonné par le Cran-de-retour, dont l'origine anticlinale est mise en évidence.

Les coupes transversales du bassin du Nord (fig. 18 et 19) dressées en tenant compte de ces données, suivant les méridiens d'Anzin et d'Aniche, montrent que sous le lambeau de poussée qui le recouvre en divers points et sans continuité, ce bassin (loin de correspondre à un pli synclinal unique) comprend une série de plis, parallèles, conjugués, rompus suivant leurs lignes axiales.

Résumé.

Nous avons décrit dans ce mémoire un certain nombre de coupes, relevées suivant diverses bowettes ouvertes récemment pour l'exploration du bassin houiller du Nord. Les fossiles soigneusement recueillis au cours de ces travaux, tant par les ingénieurs et géomètres des Compagnies que par nos collaborateurs MM. Paul Bertrand, Pierre Pruvost et par nous-même, ont été déterminés au Musée houiller de Lille.

Ces documents ainsi réunis nous ont permis de distinguer, dans ce bassin, un certain nombre de couches marines superposées, que nous avons pu tracer sur la carte au 1/40,000ᵉ qui accompagne ce mémoire (pl. I). Ces strates constituent, de haut en bas, les zones suivantes :

1° *Zone de Bernard,* connue au toit de la veine Bernard (Fosses Gayant, Notre-Dame, Dechy, Saint-René);

2° *Zone de Poissonnière,* connue au toit des veines Poissonnière (Fosse Déjardin, Fosses n° 1, n° 6 de l'Escarpelle), Laure (Fosses Notre-Dame, Bernicourt), Georges (Fosse Vuillemin), Joubert (Fosse d'Erchin);

3° *Zone d'Olympe,* connue au toit de la veine n° 28 (Fosse Notre-Dame), passée au toit de 28 (Fosse Notre-Dame), veine du Nord (Fosse Sainte-Marie), Fosse Déjardin, Fosse de Sessevalle;

4° *Zone de Flines,* seule étudiée ici.

Le présent mémoire est consacré spécialement à l'étude de cette dernière zone; nous décrirons ultérieurement les autres, dans une 2ᵉ partie.

15.

Le rapprochement des coupes énumérées dans les pages qui précèdent permet de reconnaître que les strates à faune marine de la zone de Flines sont intercalées dans la série houillère continentale suivant quatre directions parallèles :

1° Bande de Flines;
2° Bande de Dorignies;
3° Bande de Saint-Mark;
4° Bande d'Azincourt.

Les relations des faunes, des flores et des faciès suivant ces quatre bandes sont assez intimes pour prouver leur synchronisme géologique, et rendre nécessaire leur réunion en une même zone stratigraphique. Les réapparitions de cette zone en diverses parties du bassin doivent, par suite, être attribuées nécessairement, à des dérangements tectoniques : nous en avons donné une interprétation.

Cette zone de Flines forme un faisceau de couches de 200 à 300 mètres d'épaisseur, caractérisé par une succession d'épisodes marins et de végétations subaériennes, dans un bassin tour à tour envahi et abandonné par la mer. Sa composition est principalement continentale, étant formée d'épaisses couches de grès et schistes à végétaux terrestres. Mais la régularité de ces dépôts d'eau douce a été interrompue par des invasions marines, représentées par des dépôts successifs, au nombre de 5 au moins et 9 au plus, de minces calcaires ou schistes plus ou moins calcareux et dolomitiques, avec fossiles marins, séparés par des veines de charbon, à plantes terrestres, reposant sur des murs à Stigmarias autochtones. Ces conditions marines successives et répétées, dans un bassin où s'accumulaient tant de sédiments, devaient correspondre à un affaissement continu du sol, ou à la destruction progressive d'un seuil. L'existence de ce mouvement d'ensemble est établi d'une façon indépendante par l'existence d'espèces marines et par la nature variée des sédiments.

La proportion des roches clastiques, grossières, arénacées (cuerelles), moitié moindre (12 p. 100 au lieu de 28 p. 100) dans le faisceau de Flines que dans le faisceau des charbons 3/4 gras, situé au centre, montre qu'après le dépôt des intercalations calcaires des conditions littorales de plus en plus terrigènes ont prédominé.

Les bancs marins disséminés dans cette zone offrent des faciès divers, calcaires à brachiopodes, schistes grossiers à Productus, schistes fins à Lamellibranches; ceux qui ont les caractères pélagiques les plus accusés sont les boues fines (schistes à nodules) à céphalopodes, poissons, lamellibranches paleoconques, hexactinellides. Leurs caractères permettraient de les considérer comme des dépôts de mer profonde, si on n'y trouvait toujours et en assez grand nombre des débris (tiges et graines) de plantes terrestres flottées. Les céphalopodes houillers vivaient donc à une distance de la plage qui ne dépassait pas la zone des débris terrigènes : les schistes fins à céphalopodes ne sauraient être pélagiques, mais terrigènes et littoraux. Il y avait dans les points littoraux où ils se déposaient convergence de formes pélagiques venues du large et acclimatées, et de formes terrestres venues de la rive et flottées. Ces formes pélagiques ne pouvaient venir d'un réservoir très éloigné, puisque les inondations marines successives correspondent à des dénivellibrations assez peu sensibles pour que la concordance des couches, d'origine différente, superposées, marines ou lacustres, n'ait été affectée que par de légères transgressions. Ce réservoir pouvait occuper le bassin de Dinant, ou des régions plus méridionales, puisque les sondages récents ont montré l'extension, au Nord, de conditions littorales persistantes de la Campine au centre de l'Angleterre.

Nous avons insisté longuement sur les facies de la zone de Flines et sur les particularités physiques de ses divers dépôts continentaux et marins, parce que ces caractères stratigraphiques s'accordent avec nos déterminations des faunes et des flores de ces niveaux, pour témoigner en faveur de l'individualité de cette zone et de la distinction, qu'il convient d'en faire, des autres zones marines de Poissonnière, Bernard et Olympe.

Bien que nous puissions ajouter que l'étude du gisement, de la faune et de la flore de ces dernières zones, actuellement poursuivie, doive apporter bientôt de nouveaux arguments à l'appui de notre thèse, l'étude de la zone de Flines suffit à l'établir.

Dès à présent, il n'est plus possible d'admettre que les couches de la bande de Dorignies sont plus récentes que celles de la bande de Flines, pour cette seule raison qu'elles sont associées aux houilles grasses du midi, tandis que les autres sont associées aux houilles maigres du Nord. Des preuves stratigraphiques, des preuves paléontologiques concordantes avec les premières, et tirées à la fois de l'étude des animaux et des plantes, établissent à l'envi l'équivalence des bandes de Flines, Dorignies, Saint-Mark [1], Azincourt. Les

---

[1] La pénurie de documents nous a obligé à faire des réserves pour la bande de Saint-Mark, elles n'affectent en rien la théorie générale, basée sur la répétition et l'équivalence des trois autres bandes.

CARTE DE LA PORTION

DU

BASSIN HOUILLER DU NORD

Comprise entre les Compagnies

de

L'ESCARPELLE ET D'ANZIN

LÉGENDE

Échelle : 1/80.000

Fig. 1. — Coupe transversale du bure n° de la Fosse 1 a la Fosse 4 de l'Escarpelle.
(métamorphose de la coupe de M. de Quin, Procès-Verbal mine° 1868.

Fig. 2. — Coupe transversale du Lavoir, de la Fosse 2 de Flines-les-Raches a la Fosse Notre-Dame-d'Annde.
(échelle)

Fig. 3. — Coupe de la bowette de Notre-Dame d'Aniche à l'étage 440m.
(échelle)

Légende de la Planche 7

Fig. 4. — Coupe de la bowette de Barnicourt, à l'étage 285m.
(à la même échelle Fig. 3.)

Fig. 5. — Coupe des bancelles superposées de Pernissart

Fig. 6. — Coupe du remorquage au levant de la Roma S. Roul, à l'étage IIIe

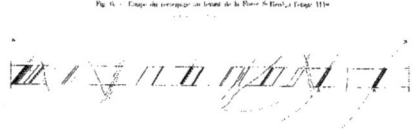

Fig. 7. — Coupe de la bancelle Gustave Perrier, à l'étage 640[m] et de la bancelle E. Astorlos, à l'étage 700[m]

Légende de la Planche 3

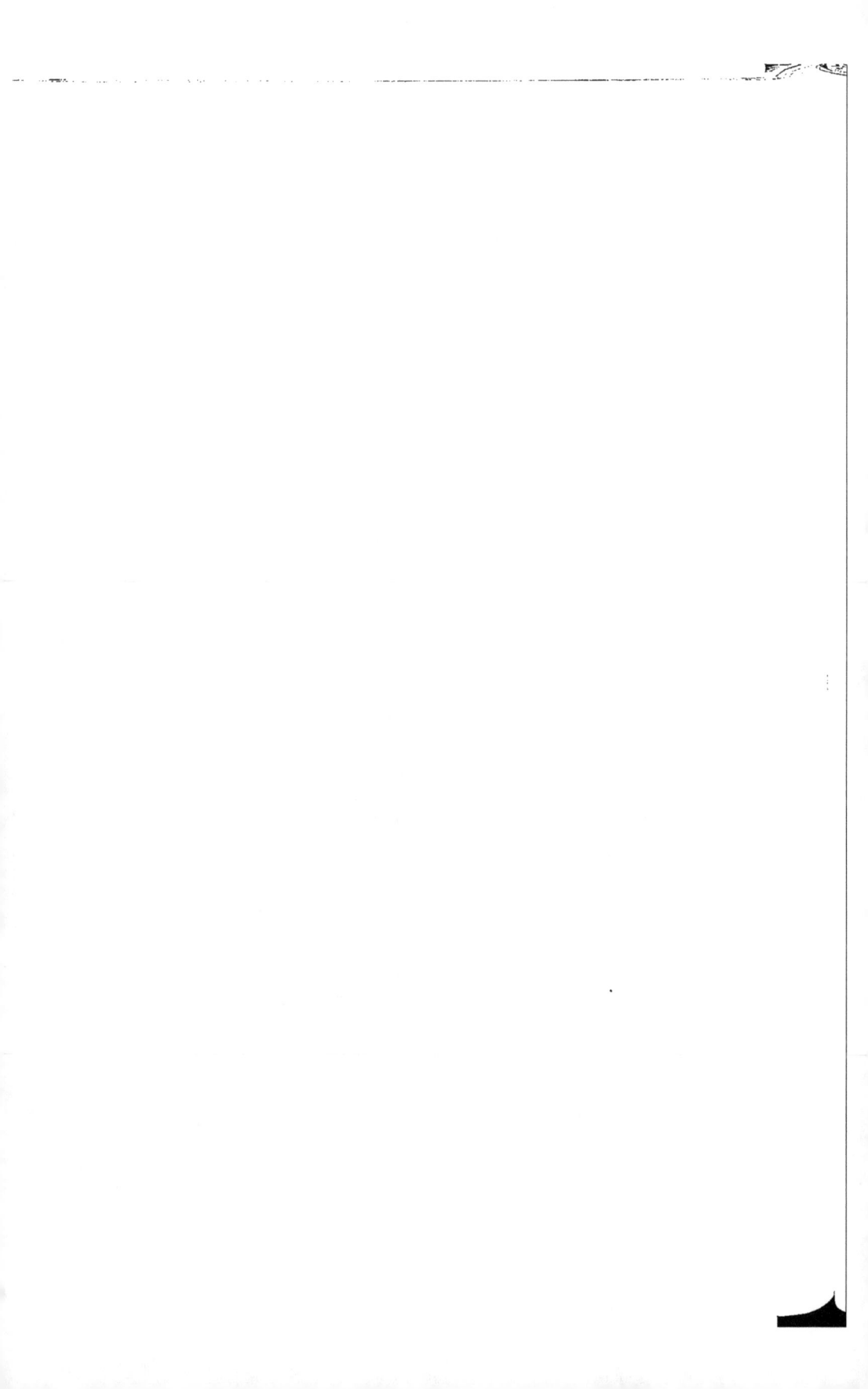

TABLE DES MATIÈRES.

§ III. COUPES AU SUD DU BASSIN.

§ IV. RELATIONS DES STRATES MARINES DE FLINES

AVEC CELLES DE DORIGNIES, D'AZINCOURT ET DES BASSINS ÉTRANGERS.

DEUXIÈME PARTIE.

LES STRATES MARINES DES ZONES HOUILLÈRES SUPÉRIEURES.

—

Cette seconde partie du mémoire paraîtra ultérieurement.

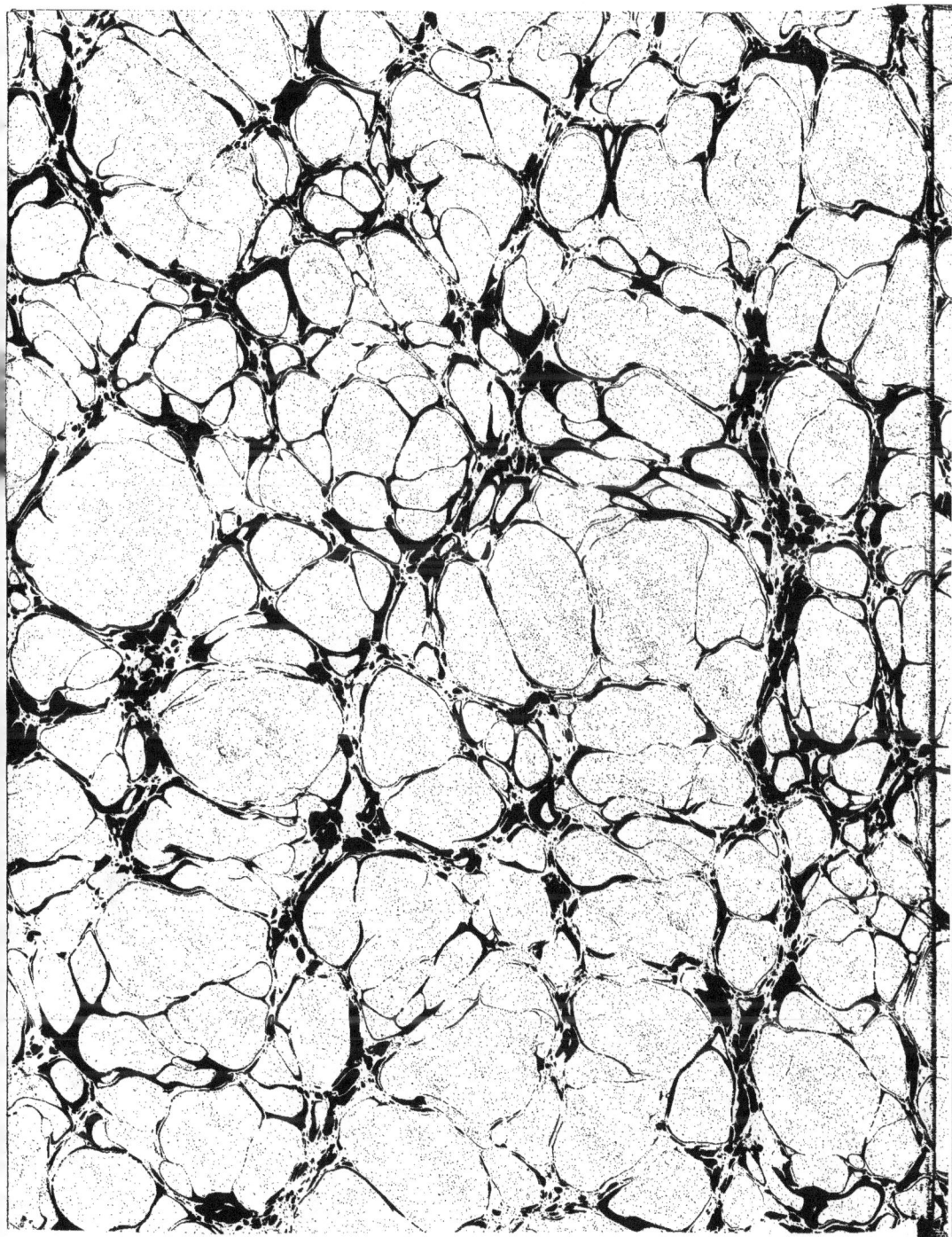

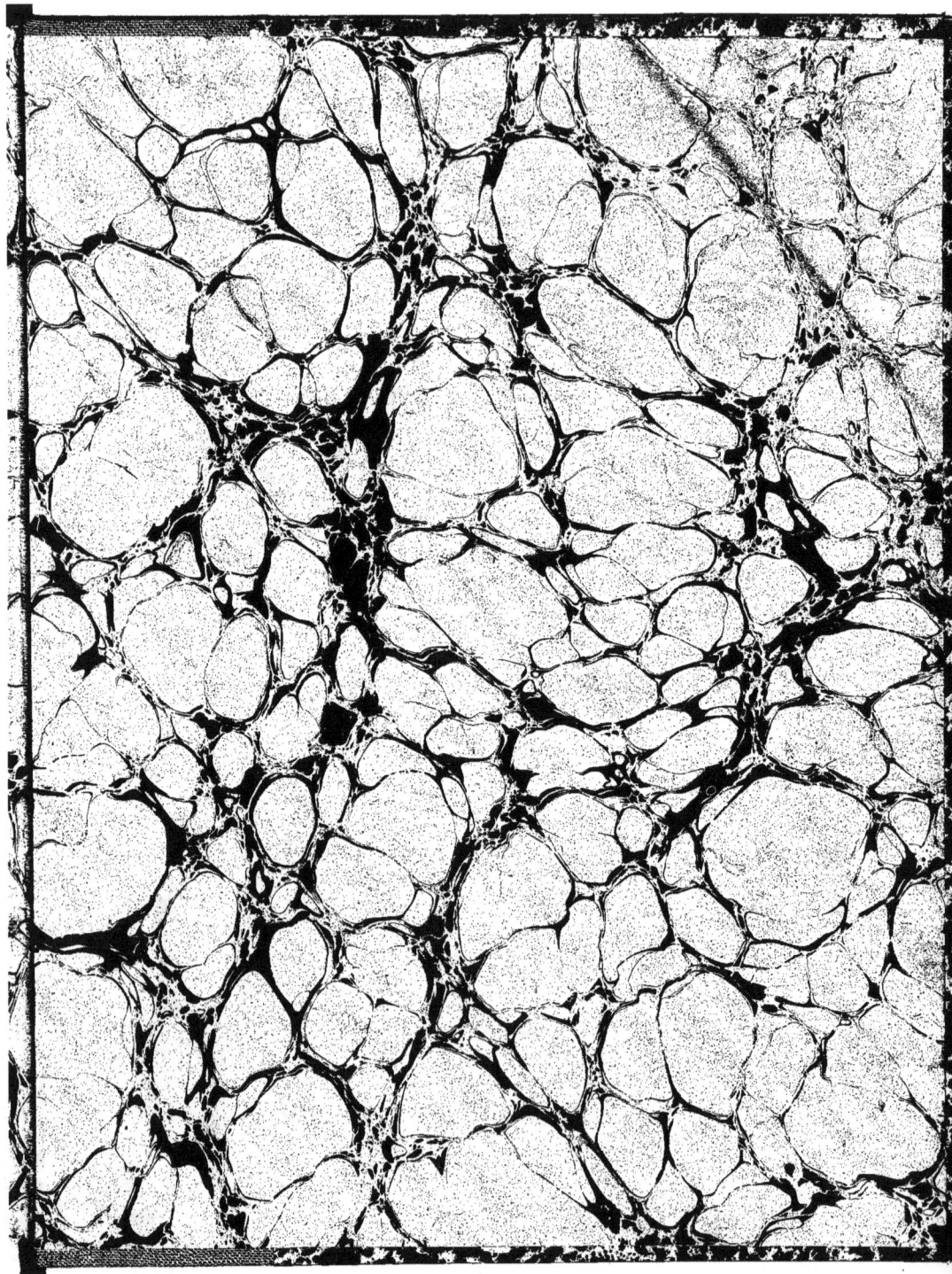

www.ingramcontent.com/pod-product-compliance
Lightning Source LLC
Chambersburg PA
CBHW071853200326
41519CB00016B/4358